众阅典藏馆

老人言 ③

崔瑞泽 ◎ 主编

黑龙江美术出版社

买卖不成仁义在

生意场上并不是只有利益存在。一次生意做不成,没必要太计较得失,以后合作的机会有的是,只要有合适的事情,还可以再度合作。只要关系始终保持着,只要对彼此的信赖不变,就有再次赢利的机会。这是人与人交往的一种基本的道德原则,有的时候不一定非得因利益而结合,就算是为了交了朋友,买卖上也不能伤了和气,以后说不定有彼此用得着的地方,这也是为自己建立人脉关系的一种好的方式。

售楼小姐小李因为没有完成售楼任务,心里非常焦急。一天她很幸运地接待了一位有购买意向的客户,便非常卖力地向对方讲解,对方提出的任何问题,她都不厌其烦地耐心回答。

当小李认为成交有希望,想带客户去办理手续时,不料对方却很肯定地回答说:"我不买。"

小李顿时气不打一处来,一连串地质问客户:"你这人怎么这样,既然不买房又何必浪费我那么多时间呢?"

对方说:"我的话还没说完呢。我没打算买,是我的朋友想买,我本来打算向他推荐这套房子的,但现在看来没这个必要了。"客户拂袖而去,留下小李一个人懊悔不已。

小李因为买卖没做成不顾惜顾客的颜面,说了些抱怨的话,从而丢了生意。正应了那句俗话："买卖不成仁义在"，如果售楼小姐客气一些，势必能做成这单生意。

生意没做成，商家有失落感是可以理解的，但如果自己的利益没有受损，却与顾客发生争执，伤了和气，失了仁义，就有可能导致更大的损失。

我们在商场之中，一定要定好自己的位置，是把仁义放在前面，还是把利益方面前面，对于自己的成功很重要。

在一个炎热的夏天，孙老太太在马路边摆摊卖西瓜，旁边是一个卖黄瓜和西红柿的大婶。一会儿，一个老先生骑着自行车去钓鱼打着经过，于是就停下来，想买一个西瓜带回去。

这位老先生挑了一会儿，终于选中一个又大又圆的西瓜，待称重的时候，孙老太太突然发现自己忘记拿秤了。怎么办呢？老头说，这样吧，我感觉你的西瓜有七斤多，就按照七斤半来算，我估计上下也差不了多少，就几毛钱的事。孙老太太想了一会儿，说："这样吧，我借隔壁大婶的秤来称一下重吧，有多少就是多少。"

于是孙老太太借来了秤，西瓜又太沉，俩人抬着，来回称了半天才称明白，一共七斤四两多一点，就多卖了三毛钱。这来回称了几遍，两个人热得满头大汗。

孙老太太用湿毛巾擦了一下脸，见这位老先生满脸汗水，有点过意不去，于是，顺便切了一个西瓜，一块顺手递到老者手中，一块递给了隔壁卖菜的大婶。这位老先生受宠若惊地说："这哪好意思？"

隔壁的大婶笑道："你这一块瓜，应该也要五六毛钱。刚才你还为了三毛钱，把那个西瓜称了几遍。"

孙老太太说："买卖是买卖，仁义是仁义。大热的天，人心都是肉长的，谁还计较那么多，买卖不成仁义在嘛。"

孙老太太在这个路边卖了一夏季的西瓜，这位老先生给她带来了好多自己的钓友。这也是一种仁义的回报。

孙老太太说得多好啊，买卖是买卖，仁义是仁义，买卖不成仁义在，买卖成了，不应该忘记仁义，但买卖不成，我们也不能丢了仁义，断了以后的合作机会。我们在经商的道路上，并不是与每一个顾客的交易都会成功，如果与这个顾客的交易没有成功，就对这个客户加以颜色，那么我们的顾客就会一个一个地减少。厚道做人，精明做事。商场上，顾客资源就像滚雪球一样越滚越大，每一桩买卖应该为下一桩积累资源和创造条件。

我们千万不要买卖不成就斤斤计较。似乎人与人之间的交往就只剩下了利益，一见利益不成，就火冒三丈，实在是不可取的。

我们在日常与人的交往当中，一定要懂得仁义对于我们的重要性，不要一心只想着利益。一个能成大事的人，必定不是只顾眼前这点小恩小惠的人，他们懂得怎么收放，在以后取得更大的利益。试想，买卖的成功，也跟很多因素有关，有可能因为时机、条件不成熟、当时的市场状况等因素，不能合作，那么我们也要讲求仁义，说不定，在不久之后，一些因素成熟了，就可能再次合作，取得更大的利益。所以，不管交易成功与否，都不能失了仁义。

买主买主，衣食父母

顾客是上帝，因为生意人的利润都是从顾客那里来，没有顾客关照，生意人就要折本，生存就难以继续。所以，如何争取顾客前来光顾，如何维护顾客的利益，如何用诚意抓住顾客的心，便成了生意人的最大难题。

一位在汽车领域有所成就的人讲过："家电市场的今天就是汽车市场的明天，竞争将会非常激烈，顾客的选择决定了企业生存空间。顾客是我们的衣食父母，出色的售前、售中、售后服务吸引客户喜欢我们的汽车，要和客人交朋友，客人到店要有到家的感觉，要说到做到。"说到底，顾客就是企业的衣食父母。

无论从事任何工作，都要明确自身的定位：顾客在自己心中处于怎样的位置？有人的视顾客为摇钱树，能宰就宰；有人视顾客为利益伙伴，有利就上，无利就退。而有人将顾客视为衣食父母，充满敬畏、充满感恩。

史蒂夫·鲍尔默讲过这样一句话："我认为我是一个积极的人……我喜欢积极向上。当我遇到困难的时候，拜访一下客户，从他们那里获得积极的鼓励，从而知道自己还有很多要做的事情，这对我来说是活力的源泉。"

视顾客为衣食父母，就要常怀敬畏之心。对顾客要有敬意，无论贫富贵贱，都是客人，要一视同仁。如果说，尊敬别人是一种美德，那么，尊重顾客就是一种商场生存之道。记得沃尔玛创始人曾说过：顾客想要惩罚你很简单，不到你商店买东西就足够了。

在我们的周围，往往就有这样的商家，为了一点私利，不顾自己的形象，视顾客如仇家，你买了我的东西可以，要是不买，就是对自己的不敬，俨然把自己放在上帝的位置。殊不知，商家的生存和壮大，都是要靠顾客的支持，否则，利润何来？成功何来？

一位从事推销工作的人，用了短短 3 年的时间，就成为公司中业绩最好的推销员。有一天，一位新来的推销员向他讨教，问他靠什么秘诀让业绩变得这么出色。

这位推销员说："我是靠'三次致谢'起家的。"

随后他向那位新手解释道：

"第一次致谢，每当我从外面推销回到公司，我一定会按照当天拜访的客户的名单顺序，分别打电话给他们表示致谢，即使其中的一些人并没有未购买我推销的产品。

"第二次致谢，几天后，我会分别给那些客户写信表示感谢。

"第三次致谢，在适当的时候，并取得客户的允许，我会再次登门拜访，向客户当面表示自己的感谢。"

新推销员问道："为什么对那些没有购买产品的客户也要致谢呢？"

他回答道："如果只是为'钱'而道谢，就不是成功的推销员。成功的推销员之所以成功，是因为有一颗感恩的心。客户在百忙中抽时间接待我们，即使我们没有达成买卖关系，但他们却给予了我们宾客般的招待，这不是一次刻意的致谢就能够报答的。"

不要以为这种感恩的态度，只是推销员应该具备的。在现代商业社会中，你无论就职于那个公司，做何种职业，都应该让自己拥有一种对客户感恩的态度——因为在某种意义上讲，客户是我们的衣食父母。

比尔·盖茨则说："在了解了客户的需求之后，你必须乐于思考怎样让产品更贴近客户，并主动帮助客户。"

事实上，如果一个员工想卖出自己的产品，他首先要做的事，就是要让自己更贴近客户，让客户信任你这个人，这样才能买你的产品。因为正像市场营销专家指出的那样，无论你向客户推销哪种产品，你都必须先向客户推销你自己，推销你渴望向对方提供服务的诚恳态度。

一位美国商业评论家对比尔·盖茨这样评价："这个世界将是他的，只要还有任何东西不在他控制之下，他将不遗余力⋯⋯此时，微软公司的唯一目标就是赢得用户和消费者的喜爱和信赖，进而长期称霸市场，畅销世界。为实现此目标，微软公司的总裁和员工绞尽了脑汁。"

我们在商业中，一定要借鉴那些成功人士的经验。成功了不倨傲；失败了，不气馁。始终带有一颗感恩的心对待我们面对的每一位顾客，思他们所思，想他们所想，这样才能设身处地为他们考虑，迎合他们的利益。他们满意了，觉得适合自己需要才能购买我们的产品，从而我们才能获利。这是一连串的因果关系，但是最重要的是要有一种良好的态度，这比什么都重要。

在我们与顾客交往中，一定也要认真对待每位顾客对我们

老人言

提出的宝贵意见。所谓"忠言逆耳利于行",不要因为话不好听,就不屑于采纳别人的建议,一般能提出中肯意见的,反而是对我们的事业最关心的顾客。换位思考一下,他们提出的意见是最珍贵的,因为他们所在顾客的位置上,最能发现我们的服务或者产品出现的问题。

第二章

诚实信用：诚信是人最美丽的外套，是心灵最圣洁的鲜花

——诚信是水，财富是舟

疑人莫用，用人莫疑

中国有句颇为人称道的关于用人的老话，叫作："疑人不用，用人不疑。"这句话里面的"疑"字的意思就是对所要使用之人不确定，不相信或者是有疑心。大概意思就是：感觉靠不住、没把握、不放心或者认为有问题而信不过的人不能任用；而对人才一旦使用，对被启用的人，则需要给予充分的信任，大胆使用，令其能放开手脚，不必怀疑他会干坏事、错事。这句话，作为传统的用人观被长期推广。在今天看来，在企业管理中或者在项目合作中仍然有其积极意义。

美国通用电气公司前 CEO 杰克·韦尔奇对公司管理的最高

原则就是:"管理得少"就是"管理得好"。这是管理的辩证法,也是管理的一种最理想境界,就是对自己的员工充分放权,给予他们最大的信任和支持,做到最大限度的"用人不疑"。中国有句古话说:"士为知己者死,"只有对士人充分的信任,士人才会为报知遇之恩而流尽最后一滴血。

用人不疑是作为管理者用人的一个非常重要的标准。领导者若是想在自己的事业上大展宏图,若想不断壮大发展自己的事业,就必须要学会用人。因为事业越来越大,不可能每件事情都事必躬亲,所以必须用人不疑。领导者不可能样样事情都要过问,这时候,他需要委托自己信得过的人来协助他去办理事情,而"用人不疑,疑人不用"就显得十分必要。

"红顶商人"胡雪岩也用人的一个重要原则。

胡庆余堂新招的伙计里有一个姓李的伙计表现特别出色。此人反应迅速,动作麻利。他被安排去做药材采购工作。此人善于交际,工作十分出色,连采购总管都认为这是个可以栽培的好苗子。

但是过了段时间,店铺里开始流传这样一条讯息。原来前几年这个姓李的伙计因为盗窃在大牢里待过一段时间。这个消息一传出,姓李的伙计的身价一下子大跌。总管也好像不那么器重他了,一些重要的药材根本不让他插手。伙计们也都开始用另外一种眼光看他，这个伙计非常苦恼。

随后，胡庆余堂急需一笔重要的药材，需要派人将货款亲自送到商家手里，并且当场一手交钱、一手交货。恰巧这个时候，采购总管身体不适，根本无法支撑这样远的路程。店铺掌柜就开始发愁了，不知道派谁去好。派去的人首先要懂得如何辨别药材，还要善于和商家讨价还价。所以此番任务十分艰巨。

胡雪岩知道了此事，问及哪个伙计的表现突出，掌柜算来算去，也就算姓李的伙计表现比较突出，他的业务水平是可以肯定的。但是考虑到其有过前科，所以掌柜就将他排除了。

胡雪岩听完之后，说："将那人带过来我见见。"

胡雪岩见到姓李的伙计之后，问他："如果让你去验收这笔药材，你可有信心？"

姓李的伙计听了大为震惊，他知道因为自己有过盗窃前科，谁都不愿意相信他，但是胡雪岩却委以重任，他感动得不知道该说什么好。他坚定地说："大人您放心，我一定完成任务。"

掌柜很是疑惑，他担心这其中万一会出什么纰漏，但是胡雪岩说："用人不疑，疑人不用，既然他都进了胡庆余堂，那就没什么好担心的。该用就要大胆地用。此人也是一个人才。"

果然，姓李的伙计不但顺利地完成任务，还以比之前低很多的药价将药材顺利运回来。这一来，再没有人怀疑姓李的伙计的能力和人品，他很快成为采购方面的优秀人员。

胡雪岩信任伙计的故事和三国时期刘备托孤的故事如出一辙。东汉末年，永安宫里，刘备临终前躺在病榻上安排着自己的后事。他对诸葛亮说："你的才能是曹操的十倍，我相信你一定可以平定蜀国，最终成就一番大事业。如果我的儿子刘禅有当皇帝的能力，可以治理国家，你可以辅佐他。如果刘禅没有这方面的才能，你就自己取了这个皇位，治理这个国家。"人们都说"人之将死，其言也善"，刘备这一段托孤的话包含了一份怎样的信任？举国托孤于诸葛亮，在那样一个乱世中，又有几人可以做到如此的"用人不疑"呢？面对这份"用人不疑"，诸葛亮也不曾辜负刘备，以"鞠躬尽瘁、死而后已"来报答刘备对自己的信任。试想如若不是刘备托孤于诸葛亮，刘阿斗在那个尔虞我诈、战火纷飞的乱世中恐怕早就"乐不思蜀"了。

同样是三国中，曹操则生性多疑、奸诈，故人们称他为"奸雄"。比如误杀他父亲的老友吕伯奢全家老少八口，比如"梦杀"侍从。但生性多疑的曹操称得上是一个非常会用人的好老板，他十分清楚"争天下必先争人"，他也懂得"疑人不用，用人不疑"的道理。官渡之战当许攸反水投靠曹操时，曹操军粮已不足了，早已心生退意。许攸献计火烧乌巢，曹操相信了这个刚从敌营投靠过来的谋士，而许攸回报他的信任的便是这场战争的胜利。这也成了以少胜多的战争典范。

曹操对待降将和投降的文人策士的态度更加表现出了他的"疑人不用，用人不疑"的态度。曹操最初起家靠的是父老乡亲，比如夏侯惇、夏侯渊、曹仁、曹洪，当然还有早期的乐进、李典。但是后期曹氏集团中的中坚力量绝大部分都是投降过来的降将。比如张辽，原来是吕布的人马；徐晃，原来是杨奉的人马；臧霸本是陶谦的旧将，后降吕布，投降曹操后，官渡之战时曹操居然把青、徐二州交给他，如此大任交给一个名不见经传的降将，体现了曹操用人之大胆；张绣，是杀害曹操长子曹昂、爱将典韦的敌人，投降过来后一样得到重用，而出此计杀人的贾诩最后居然做到了尚书令。曹操手下两大最为杰出的天才谋士荀彧、郭嘉，原来是侍奉袁绍的。到了曹操这里后，曹操每每对他们的智慧赞叹不已，从来不怀疑他们还念旧主之情出坏主意害自己，要知道荀彧可是受到袁绍的非凡礼遇和重用的。郭嘉也是看到袁绍昏庸而弃袁投曹的，甚至事后还做出了著名的"十胜十败论"来比较袁和曹，郭嘉对袁和曹二人的比较可谓入木三分。郭嘉每出奇计，曹操都能依计而行。

让我们再来看一个近代的例子。

荣宗敬、荣德生兄弟俩所创办的荣氏集团，曾是我国历史上规模最大的民族资本企业。他们的企业之所以成功是因为他们在管理的过程中，奉行了"疑人不用，用人不疑"的原则，不会因某件事而对下属抱有成见，让下属死心塌地地为自己的企业"卖命"。

荣氏的福新面粉公司，在当时的中国面粉行业居龙头地位，该公司总经理杨德仁深受公司领导的器重。杨德仁曾是广顺钱庄的一位师爷，他精明能干，工作干得井井有条，深得上司的器重，入钱庄后三年就升为副经理。在他任副经理时，却发生了一件轰动金融界的事故。当时，一家大公司向广顺钱庄争取贷款。该公司表面上财力雄厚，状况良好，但实际上却是负债经营。杨德仁在未作详细调查的情况下，批准了贷款要求，结果，一年后贷款不仅收不回来，该公司的老板还携款远赴南洋，广顺钱庄损失惨重。荣氏企业的领导并未因此而对他有所偏见，因为他们看中的是杨德仁的理财经验和人际交往能力。而且，他们相信杨德仁会从重大失误中吸取教训。

杨德仁果然不负众望，在他任福新公司的总经理之后，大刀阔斧地进行了一系列改革，收效显著。杨德仁也就成了荣氏旗下的"四大护法"之一。在杨德仁的管理下，荣氏集团讲究信誉，企业一直保持强劲的发展势头。杨德仁为荣氏公司的发展立下了汗马功劳。

从上述例子中可以看出，只有摘掉有色眼镜，心平气和地任用人才，疑人不用，用人不疑，才能出现人尽其才、才尽其用的局面，事业也就能不断地展现新局面。在现实的环境中，只有这样才是对人才价值利用的最大化，是人尽其用的人才观。

莫信直中直，须防仁不仁

世界上没有十全十美的东西，也没有绝对完美的圣人。因为世界本身就是一个矛盾体，有光明就有黑暗，有美好就有邪恶。常言道："莫信直中直，须防仁不仁。山中有直树，世上无直人。""莫信直中直"的意思就是：有人会对别人说，我这个人很直率，很单纯，没有坏心肠，那你就不要相信他，除非别人都这么说他。因为真正直率的人是不会说自己"直"的。"须防仁不仁"的意思是：满嘴"仁义道德"的人不见得就是真正"仁义"之人，他们往往是为了要粉饰自己，掩盖自己的真实意图才那样说。真正的仁义之人从来就不会标榜自己是仁义之人，所以也就不会说自己是仁义之人的，因为那是他的本质、本性。即便是别人说他是仁义之人，他也不会那么认为，他会认为：我没什么特别的啊。

老人们也说："害人之心不可有，防人之心不可无。"生活中经常遇到这样的事情，如果一不小心就会让自己遇上很大的麻烦。

老人言

每个人都知道诚信是做生意的根基,但是在利益的驱使下,有一些人难免会使用一些不正当的手段进行欺诈,谋取不法利益。在生意场上,一定要加强防范意识,谨防受骗。

在生意场上,无论做什么事情,都要处处小心,都要先想想为什么,别人为什么这么做,这样做对自己会有什么影响等等。

为了自己,也为了自己的团队、公司不受到影响,一定要加强防范意识,在商场中时刻保持一个清醒的头脑,对于外来的各种诱惑严加防范,仔细分辨其真伪。

在残酷的商业竞争中,我们要摒弃害人之心,常怀防人之心,只有这样,才能在商场中立于不败之地,才能有更为长远的发展。

真小人固然可怕,但是伪君子更难防范,因为真小人是明枪,伪君子是暗箭,正所谓"明枪易躲,暗箭难防"。所以对于一些涉世未深的人来说,要时刻记得这句古训:"莫信直中直,须防仁不仁。"

以义取利,德兴财昌

孙子曰:"计利以听,乃为之势,以佐其外。势者,因利而制权也。故善战者,必求之于势,不责于人,故能择人而势。"

就是告诫我们经商之时，一定不要只追求利益，却抛弃了"仁义"。人有人品，商有商道，人品贵诚，商道取义。

我国古代有个叫舒遵刚的商人，他精通管理账本，善于权衡利弊。在经商的空闲时间，他喜欢看"四书五经"，并把书中学到的"义理"运用于经商当中来，他曾说："钱，泉也，如流泉然。"他还说："对人言，生财有大道，以义为利，不以利为利，国且如此，况身家乎。"意思是说，经商的时候，一定要把仁义放在第一位上，不要把利益看得比什么都重要。总之，一句话，经商要厚道，以诚信为本，做人也是这样。

"以义取利，德兴财昌"，丧失了"义"也会得不到"利"，商家应该以此为戒，把"义"始终放在首位。"积善之家，必有余庆，积不善之家，必有余殃。"如果一个经营者有长远的理性和智慧，就不会用恶劣、卑鄙的手段去获利；用恶劣的手段去做任何生意，最终将会失去自己现有的财富，白忙活一场，到头来还是空啊。

由此看来，中国古代经商之道，很看重"义"，认为大凡重"义"而轻"利"的商人，一定是财源广进的。在我们现世，也应该发扬先人们这中至诚致信的风格。

在我国传统文化中，人际交往的最高境界就是儒家学派所倡导的"仁、义、礼、智、信"。与人买卖交易，人们最为推崇的是义气。古语道:"非善不交,物非义不取。钱财如粪土,仁义值千金。"一个人,缺乏仁、义、礼、智、信中的任何一条,都会被周围的人所鄙视,更何况经商之人,与别人打交道,谈合作,更是不能缺乏做人的标准,使奸耍滑,那更不可能成功。

《战国策》当中有一个"舍利而市义"的故事,流传千古。

有一年,孟尝君的领地薛地闹饥荒,门客冯谖被任命代替孟尝君去佃农那收租。冯谖到了那里后,非但没有收租,反而宣布一切田租都免除。孟尝君知道后,非常生气,冯谖却说,要舍小利而市大义。后来,孟尝君失势,被贬到薛地为侯。上任时,未至百里,百姓便夹道欢迎。孟尝君终于恍然大悟,冯谖为什么那么做了。

只有秉承以义取利,以利济世,才是企业经营制胜之道。海尔集团是一个信誉至上的企业,其核心的营销理念是"先卖信誉,后卖产品"。正是这样一种一先一后的严格标准,真正把诚信摆在了第一位,体现了海尔"见利思义","以义取利"的经商理念,所以,我们不用奇怪张瑞敏怒砸不合格冰箱时的坚定与决心;也不难想象海尔作为中国最优秀的企业,是如何在顾客的之下,一步步走向强盛的,里面是一个"义"字在。

做买卖不讲求"义",就如人品不正一样,是被人所唾弃的。社会发展中,一些人只为追逐自己的利益,损害别人的利益,造假售假，坑蒙拐骗，这样的一些人，金钱至上的价值观，最终被利蒙蔽了双眼，最终让他们走向违法的不归路。这样的做法，不仅损害了公众的利益，自己也不会得到好成果。

几年前，曾泛滥安徽阜阳农村市场的劣质婴儿奶粉，曾使200多名婴儿严重营养不良。症状是：头大，嘴小，水肿，低烧，有毒奶粉造就的这些"大头娃娃"震动了全国。之后，国家工商总局公布了54家劣质奶粉生产企业，涉及了11个省的49家劣质奶粉生产企业。97名政府相关责任人受到处理，31人被依法逮捕。

奶粉事件的相关企业，为了利益做出泯灭良心的事。孩子到底有什么罪过，要承受这些？试问那些奸商，制造毒奶粉，毒害那些无辜的孩子，他们得到了丰厚的利润，他们内心觉得如何？是认为实现了自己致富的目的，享受幸福的生活，还是锒铛入狱实现了自己的人生价值。

因此，作为企业追求利益本无可厚非，毕竟企业要发展，员工要吃饭，没有利益的买卖是不会做的。但我们在做企业的同时，必须保持一个真诚善良的心，不要利欲熏心，为了钱财，什么都敢做，什么都想做。试想，不仁不义的事，是不会长久的，因为社会都在看着你。

今天，我们提倡构建和谐社会。和谐，是让每一位公民培养正确的义利观,才能实现社会的公平和进步,才能达到真正的和谐。"以义取利",不忘社会,回报社会,才能真正造福社会,成就自己,为人民所称赞。

诚实人常在,刁钻人不到头

希腊古训:"认识你自己",不仅要求人们如实地肯定自己的价值,同时还要求人们坦诚地揭露自己的不足。这句话,归根到底就是要我们保持人生的纯朴和真诚。

李嘉诚经典成功格言:"与新老朋友相交时,都要诚实可靠,避免说大话。要说到做到,不放空炮,做不到的宁可不说……你要相信世界上每一个人都精明,要令人信服并喜欢和你交往,那才最重要。"他以商界过来人的身份,告诫那些正在商场打拼的人,要诚实做人,不要刁钻使诈,才能成大器。

卢梭曾就对人的诚实提出了更高的要求,他曾经批评过某些自传,"总是要把自己乔装打扮一番,名为自述,实为自赞,把自己写成他所希望的那样,而不是他实际上的那样"。他的批评实际上是指赫赫有名的大思想家和散文家蒙田。

蒙田把自己的散文称作"忏悔录",他的几篇"自画像",都仅仅是轻描淡写自己的一些弱点和缺点,企图用这种描写来烘托自己品行的高尚。卢梭就对他的不坦诚感到很厌烦,针锋相对地提出:"绝没有一个人是没有可耻之事的。"

中国自古以来就是礼仪之邦,向来以诚实作为为人处世的根本道德标准。卡耐基对诚实亦深有体会:

旅客和年轻车夫当时议定的车资是十五钱,可是抵达目的地之后,旅客拿出二十钱递给了车夫,并转身离开。车夫以为给的正好是十五钱,于是也拉起车走了。当那位年轻的车夫在半道卖香烟的时候,发现多给了自己五钱,立即掉头寻找先前那位旅客,并以坚决的态度说:"我不能多收你的钱,请你收回去。"

那位旅客见他如此诚实,态度也这么诚恳,不好驳了他的面子,只好将零钱收了回去。据说,那位车夫后来仍坚持着自己这种不贪便宜,诚实做人的处事原则,辛勤工作,而终于成为在社会上已有相当地位的人。

卡耐基说:"这事令我感动万分。我敬佩车夫那种正直、一丝不苟的态度。就在我独自创业时,我心里仍经常惦记着那位青年的作风,也一直效法他那种刚正不阿的精神。"

在经商之道上,我们也要秉承诚实正直的原则,不打诳语,不危害别人的利益,才是生财之道。

休宁商人刘淮在嘉湖一带购置了很多粮食谷物,囤积起来。一年大灾,有人劝他"乘时获得",就是说卖掉这些粮食,可以得到丰厚的利润,他却说,能让百姓度过这次的灾荒,这才是我经商最大的利益。于是,他将囤聚的粮食减价卖给百姓,并且还设了粥棚"以食饥民",赢得了一方百姓的信任和感激,以后,他的生意自然也就日渐兴隆起来。这也是诚实经商的典范,重在"义",却取得了大利益,这可谓经商的大道。

从古至今在商场上以诚实、仁义取得成功的商人不胜枚举,但在我们周围,也有些人不懂得这个道理,只贪图一时的利益,不计长远,最终一败涂地的也不在少数。

有一家企业,虽然已有十几年的历史,却还是处在摇摇欲坠的状态。

刚开始的时候,这家企业的老总生意做得很好,有很多客户或企业跟他签订了合作合同。一次他刚跟一家大企业签订合约,非常高兴,于是请那个公司的高管喝茶叙事。在他们交谈的期间,这位高管就发现,在聊到具体的业务的时候,这家企业的老总老是以自己为中心,从来不听取别人的意见,而且在交谈中,也渐渐发现他为人太尖酸、刻薄,处理事情也不诚实。于是在一次合约结束之后,这家大企业再也没跟他合作做,他因此失去了很多机会。

这家企业的老总刁钻不诚实的经商态度,不仅仅使他在外面失去了很多合作的伙伴,而且在自己企业内,也不受自己员工的尊敬。因为他在处理问题上，从没有诚实正直的风范，工作中遇到小的失误，也不管青红皂白，一顿大骂数落，似乎一切的过错都是员工造成的，自己作为领导是不会有错的。在员工的薪金和福利上，他从来没有信守过自己的承诺，工资不照发是正常，加班无节制是规定，福利没有也是"人之常情"，一些员工但凡有点能力的，能在别的地方能混口饭吃的，都纷纷离开了这家企业。

试想这样的领导管理一个企业，企业不失败也是很难。

总结其原因，就是老板在为人处事上不诚实，为人刁钻，所以企业做得岌岌可危也是可以理解的。在现代这个物欲横流的社会，越来越多的精明现代人，自由穿行在高楼大厦之间，享受着物质带给自己的便利生活。但常在不经意间忽视了做人的原则——诚实。一些人或见利忘义、因小失大，或鼠目寸光、斤斤计较，或尔虞我诈、欺骗良善，从而上演了一幕幕人间悲剧。

美国著名的心理学家约翰·安德森曾做过这样一项调查：他列出500多个描写人的形容词，让6000名大学生挑选出他们所喜欢的做人基本的品质。调查结果显示，其中8个评价最高的词中，有6个与"诚"相关，它们是：真诚的、诚实的、忠实的、真实的、信得过的、可靠地；而相对的最差的评价则是：说谎、做作、虚伪、不老实。

由此可见，人们从内心深处还是渴望诚实，不喜欢刁钻的人。刁钻刻薄，是非常有害的，害人害己。在与人相处中，这种人往往被视为小人。

诚实是人生的智慧，也是一笔财富。在这方面进行投资的人，会有丰厚的回报。每个人并不都可能成为社会认可的圣人或伟人，但只要做到诚实，就能做自己人生的智者。

刻薄不赚钱，忠厚不蚀本

在生意场上，难免因为一些见解、认识、处理方式不同而发生矛盾，出现这样或那样的失误或误差。即使这样，商家也不能摆出一副尖酸刻薄的嘴脸，与顾客发生争执。常言道："刻薄不赚钱，忠厚不折本。"遇事忠厚的人，往往是聪明的人，他们看问题总是把眼光放长远，不为眼前的小事儿放弃最基本的原则。真正聪明的商家总是化干戈为玉帛，吃一点小亏，赢得一个顾客，最终赚取良好的口碑，事业也就兴旺起来。

下面这个故事讲的就是做生意忠厚本分的重要性。

县城主街开着两家米店，一家叫"昌盛"，另一家叫"兴隆"。

"兴隆"米店的掌柜财大气粗，官场上也很有势力，在平日里就很不把"昌盛"放在眼里。每次米业的行会邀请各家老板聚会的时候,"兴隆"的掌柜总是会借机讥讽"昌盛"的老掌柜一番,每次"昌盛"的老掌柜都是笑笑回避了。

不仅如此,"兴隆"掌柜对自己店内的伙计也很刻薄,每天活很繁重不说,还时不时地受到掌柜的打骂。每月的月俸也被掌柜因为这事那事克扣的所剩无几,伙计们也是怨声载道的。到店内买米的顾客,掌柜也是爱理不理的。买得多了,陪个笑脸,买得少了,还嫌麻烦呢。就这样店内的生意渐渐衰败下去。

"昌盛"米店的老掌柜年事已高,就把自己店交给了精明的儿媳妇。儿媳妇眼看兵荒马乱,生意难做,于是就想出个多赚钱的办法。这一天,她把星秤师傅请到家里,避开众人后,对星秤师傅说:"麻烦师傅给星一杆十五两半一斤的秤,我多加一串钱。"从前的秤十六两一斤,星秤师傅为了多得一串钱,就忘掉了自己行业的规矩,满口答应下来。

儿媳妇嘱咐完毕,留下星秤师傅一个人在院里星秤,自己去米店料理生意去了。米店老掌柜虽然已经不插手米店的经营,但是也暗里地帮衬着料理米店,毕竟媳妇再精明,还是年轻,怕遇事没什么经验。这两个月以来,媳妇的一举一动他都看在眼里,当然星秤这件事,老掌柜也知晓了。

媳妇离开之后,老掌柜沉思半天,走到院子里对星秤师傅说:"我媳妇一介女流,想事欠稳妥,有时犯了糊涂,刚才一定是把话说错了。请师傅星一杆十六两半一斤的秤，我再送您两串钱。不过，千万不能让媳妇知道。"星秤师傅为了再多得两串钱，于是就答应了。

一杆十六两半一斤的秤很快就制成了，星秤师傅也履行诺言，没把修改秤的事情告诉老掌柜的媳妇。当天媳妇就把新秤拿到米店使用了。一段时间后，"昌盛"米店的生意却意外兴旺起来，"兴隆"米店的老主顾也纷纷转到"昌盛"来买米。

又过了许久，整个县城的人都来"昌盛"买米，而斜对门的"兴隆"米店却是顾客稀少。

到了年末，"昌盛"米店发了大财，"兴隆"米店也没法开张了，于是把米店转让给了"昌盛"。年三十晚上，一家人围在一起吃年夜饭。

媳妇心里很得意，出了个题目让家人猜猜自己发财的关键所在。大家七嘴八舌地说，都没能说到点子上。媳妇这时，很神秘地笑着对大家说："你们说得都不对。咱们靠的是这杆秤！这杆秤是十五两半一斤，每卖一斤米，就省下半两米，日积月累，咱们米店就发财了。"

接着，她把年初多掏一串钱星十五两半一斤秤的经过讲给大家说了一遍。长辈、伙计们一听，都很惊讶，说她就是厉害，在这个年月还能赚多钱，还是有自己的一套生意经的，媳妇也很是自满，一遍一遍地敬老掌柜的酒，希望得到他的肯定。

老掌柜喝完杯中的酒，慢悠悠地从座位上慢慢站起来，对媳妇说："我有一件事要告诉你，你得仔细听着，咱们米店以后还得靠你上下打点，不懂得基本的生意经，太危险啊。"待媳妇点头后，他把年初多掏两串钱星十六两半一斤秤的经过讲给她讲了。老掌柜接着说："你说得也对，咱是靠秤发的财。我们的秤每斤多半两，顾客就知道我们米店做买卖忠厚，就愿到我们这来买米，生意自然就兴旺了。尽管每斤米少获了一点利，可卖得多了获利就大了，这就是'忠厚不折本'的道理。其实我们是靠忠厚发的财啊。"

媳妇呆住了，一句话也没说，慢慢地走进自己的房里。第二天吃过年初一的早饭，媳妇亲自跑到老掌柜的房内，诚恳地对他说："我错了，也明白了您的用心，以后买卖不管怎样，要忠厚本分。"从此之后，他们家的米店更加的红火了。

讲到这里，我们就会明白：做生意，讲究忠厚本分，才能成功。

世上有很多做生意成功的人士，就是都是一些性情温和、忠厚老实、本本分分的人。一个生意人过于刻薄，其实是非常有害的，既害人又害己。与顾客交易的过程中，这种人往往被视为不可信任的小人。顾客渐渐就会对他另眼相看，时间久了，生意就很难做下去。因为刻薄就毁了生意，还是很不划算的。所以，经商要忠厚，切不可尖酸刻薄。

奸险是万恶之端，老实是万善之源

"奸险是万恶之端，老实是万善之源"大意是：奸诈阴险是一切罪恶的开端，诚实本分是一切善意的源泉，这句话在商业活动中表现得尤为重要。

自古以来，"无商不奸"一直是人们品评商人的话。商人奸诈的笑话，恐怕也是民间笑话中最丰富的一类。而今，人心不古，商人奸诈的方面更多地暴露出来，甚至让很多人以为若不奸诈耍滑使坏，就不能赚钱赢利。但是，许多商人还是秉持了商人的道德。简单来说，经营者所具有的责任感和使命感，就是商业道德的核心。

让我们来看看卡耐基是怎样看待商业道德问题吧。

卡耐基认为，商业道德就是"商人应有的态度"，也就是商人的责任感和使命感，概括一句话，就是创造物美价廉的物品去满足社会大众的生活需要。因为商业的种类不同，商业道德的具体表现也不同。这些表现可能是细枝末节，但商业道德的根本是相通的。

卡耐基常说商业道德的责任感和使命感是十分崇高的，但这其中也包括正人君子们看来不那么崇高的地方，那就是赚钱。卡耐基认为，正当获利是经营者的天职，也是商业道德的内容之一。这是毋庸讳言的，也是理直气壮的。相反，如果不能正当获利而是亏损赔本，那才是不允许的。卡耐基的这种观点，基于这样的认识：经营者是利用社会大众的资金来营运的，不赢利当然就不能回报大众；并且，经营者正当利润的一部分是上缴国家的税金，不赢利当然也就无法纳税，这也是不道德的。卡耐基的这种观点相当独特，但又相当有道理。由此而来的商业道德观，可以说是相当科学的。

生意场上，诚实本分的领土是丝毫不能放弃的。抛弃了诚实本分的做生意原则，就损害了自己做生意的信用，必然会失去主动；坚守诚实本分，就是控制了局势。如果谈判桌上、交易场中遇到不诚实本分的合作者，一定要严阵以待、寸步不让。

通过对以清末著名"红顶商人"胡雪岩为代表的徽商的文化的认知，我们能深深感到，在商业信誉、商业道德的建设上，胡雪岩为代表的徽商的诚实本分的经商理念，仍然值得今人学习和传承。

胡雪岩是著名的胡庆余堂国药号的创办人，他治店先树商业信誉，在胡庆余堂大厅里，胡雪岩挂了两块匾，对内一块是"戒欺"，对外的是"真不二价"，两块匾额见证了胡雪岩所追求的商业信誉和商业道德。因此，胡庆余堂在经营上体现在，所用之人真心实意，所购之材真材实料，所制之药真方实作，所卖之药真货实价。比如，胡庆余堂出售给顾客的人参，都是在购进时放入生石灰中吸过水分的，把含水量降到最低，就是保障顾客的利益，当然也会少赚钱，但是胡雪岩说，胡庆余堂要"采办务真、修制务精"。他要求胡庆余堂员工除了"勤谨能干"外，还需"诚实心慈"，因为只有品行端正的员工，才能时时注意药店品质，才能时时为顾客所想。

胡雪岩经常挂在嘴边的一句话是"顾客乃是养命之源"，他要求胡庆余堂员工把顾客当作衣食父母来尊敬，以优质服务来赢得顾客。他虽是"红顶商人"，却不以势压人，他定规立矩，提倡戒欺，诚信经营，质量上乘，服务周到，一百三十多年过去了，胡庆余堂的名号仍旧饮誉大江南北就是有力的证明。

讲究商业信誉，是胡雪岩为代表的徽商信奉的经商信条，"经营信为本，买卖礼当先"，"买卖公平天经地义，童叟无欺诚信为本"。赚钱、求利，是商人的经商目标，胡雪岩等徽商当然也不例外。但是，胡雪岩们往往怒斥那些奸诈阴险、乘人之危、牟取暴利的"贪贾"，而以"廉贾"为榜样，以诚信本分、持价平实、薄利多销的手段获得合理正当的商业利润为榜样。胡雪岩最善于"在钱眼里面翻跟斗",但他为人处世的名言却是"君子爱财,取之有道","要从正道取财,不要有发横财的心思","钱要拿得舒服,烫手的钱不能用"。纵观他经商的过程,也是按照他信奉的道德准则实行的,这是非常难能可贵的。

商道即人道。胡雪岩说,无论为官为商,都要有一种社会责任,既要为自己的利益着想,也要为天下黎民着想,否则,为官便是贪官,为商便是奸商,这两种人都是没有什么好下场的。他创立的胡庆余堂有一副对联"修合虽无人见,诚心自有天知",表明了诚心自守的商业道德和商业精神。

以胡雪岩为代表的徽商,能执中国商场牛耳数百年,靠的就是代代相传的诚信经营,靠的就是"戒欺",靠的就是"真不二价",这些老祖宗传下来的宝贵的商业道德伦理,的确值得处在今天发达的商品社会的我们去精心摹刻、传承发扬。

饱谷穗头往下垂,瘪谷穗头朝天锥

"饱谷穗头往下垂,瘪谷穗头朝天锥"常用来比喻有真才实学的人往往会谨慎谦恭,虚心好学,而无真才实学的人反而表现出自高自大,目中无人的姿态。

谦让而豁达的人们总能赢得更多的朋友。他们善于放下自己的架子，虔诚、恭敬地对待身边的每一个人。反之，那些妄自尊大、高看自己小看别人的人什么事都爱露一手，仿佛就自己行，对别人不屑一顾，总认为，在这个世界上，唯我最大，舍我其谁。因此，只要是涉及利益重新分配或调整时，都采取"当仁不让"的态度，因而什么都想沾，什么都想贪。这样刚开始可能会占到一些便宜，但最终只能是得不偿失。

被称为美国之父的富兰克林，年轻时曾去拜访一位德高望重的老前辈。那时他年轻气盛，挺胸抬头迈着大步，一进门，他的头就狠狠地撞在门框上，疼得他一边不住地用手揉搓一边看着比他的身子矮一大截的门。出来迎接他的前辈看到他这副样子，笑笑说："很痛吧！可是，这将是你今天访问我的最大收获。一个人要想平安无事地活在世上，就必须时刻记住：该低头时就低头。这也是我要教你的事情。"富兰克林从这一准则中受益终生，后来，他功勋卓越，成为一代伟人。他在一次谈话中说："这一启发帮了我的大忙。"

这个故事，何尝不是给了我们一大启发呢！为人应该谦逊、和蔼，这样别人才愿意亲近你，你做事才有基础；反之若恃才妄为、高傲自大，人皆远之，你就成了"孤家寡人"了。

职场老人都会给新人这样的忠告："低调做人，高调做事"。事实上，很多人能够做到高调做事，真正做到低调做人的职场中人还是少数的。在职场上,一个有能力的职场者在工作中其实无时无刻不想着表现自己光鲜的一面,所以更多的时候他们会卖力地工作。但是一个合格的职场者会更懂得谦虚做人,这样才能够真正制胜于职场。

吹牛与说谎,两者是近亲

每天我们打开电视都会看到铺天盖地的广告,如果认真研究就会发现其中很多广告都存在夸大宣传和虚假宣传的成分,从中可以看出很多企业变得越来越浮躁,为了尽可能的获取利益,可以不顾社会道德底线,通过各种方式进行夸大宣传甚至造假。俗话说"吹牛与说谎,两者是近亲",做一个企业,如果只靠吹牛、撒谎,很快就会被识破,不仅会影响自己的声誉,而且还会因为自己不当的行为受到法律的严惩。一个企业要想做大,就必须老老实实地用诚实和谦虚赢得客户的信赖,努力产品质量,提升服务水平,不断开拓创新才是长久之计。"做事先做人",那么"吹牛与说谎,两者是近亲"这样一句俗语告诉我们什么呢?

启示一:做人要诚实

很久以前曾看了这样一篇文章《一定要洗七遍》,讲的是一位留学生为了勤工俭学,在一家餐馆里做洗碗工。这里的老板规

老人言

定：洗碗工一定要把碗洗七遍才行。其他的员工在洗碗时都规规矩矩把碗洗了七次，可是他想七遍和五遍没有什么区别呀，洗五遍多省事呀，结果他每次都偷懒只洗五遍，洗出来的碗数量就多，挣的工钱也当然比别人多。其他员工看他能洗那么多碗，就来向他请教，他只好告诉其他员工投机取巧的办法。后来这事让老板知道了，就把他开除了。之后他又到别的地方找工作，还是投机取巧，结果他最终因为不诚实，没人敢聘用他。

这个故事告诉我们，不管我们从事何种职业，做人一定要诚实。生活是公平的，你付出了多少，它就回报你多少。生活没有捷径，也来不得半点虚假。只有诚实，踏实肯干，才能收获幸福。

从前，有一名座椅制造商，雇用了一批年轻人，以手工来制造椅子。商人依据每人制作出来的椅子数量，每周付款一次，但有一个条件：每一张椅子要在检验合格之后，工人才能取得应有的报酬。

这名制造商非常留意其中两名青年人——罗德及汉克。这两个人每周都能造出比别人多得多的椅子，而且很少有不合格的椅子。随着时光的流转，制造商扩大规模，需要找一位主管了，他想到从这两人之中选出一位来担任这个职位。

那名制造商为了决定哪个最能胜任此职位，于是想了一个计策：他将所有工人都召集起来，并宣布为了赶工，只要椅子造好了就成，不必管是否通过检验，都计件付酬。于是，椅子的数量大大地增加了，但相对的椅子的质量大大降低了。

这时，制造商特别去检查罗德及汉克所做的椅子。结果，罗德所做的椅子数量虽然相对少，但品质跟往常一样的好，但汉克在新政策下做的椅子数量虽然是以前的两倍，质量却是以前的一半。制造商最终录用罗德为主管。

通过这个故事，我们知道在任何情况下，都要诚实踏实的工作，不虚伪、不浮躁，最终会收获良好的职业和财富的。

启示二：做人要谦虚

雄鹰在高高的天空中翱翔着，群鸟都称赞它的雄心和壮志。麻雀听了，心里很不服气，愤愤地对大家说："鹰这是轻浮的表现，是在故意炫耀自己！而我总是低低地在树梢之间穿行，你们应该称赞我的谦虚才是！"

百灵鸟对麻雀说："就算你低低地飞是一种伟大的谦虚，那你施展一下自己的本领，飞上天空去把骄傲的鹰叫下来吧！"

谦虚是一种品格，人生也需要这样的品格，不管我们处在怎样的环境中，都需要谦虚谨慎，低调做人。我们应当知道，真正的谦虚不是一味地否定自己，也不是一直批评或赞美别人，而是对自我有清醒合理的认识。对自己有着充分自信的人才能这样谦虚，才能够客观地看待自己的缺点和优点。当这种思想和作风是一个企业文化不可缺少的一个方面时，这个企业才能获得真正长远的发展。

在二战结束后，松下在事业上出现了很大的挫折。他反省了自己造飞机、制木船的最初动机，认为那是因为年轻人的一时冲动和小有成就者的炫耀之心。松下也重新定位了自己的企业理念，他不再把自己当成一个有所成就的企业家来看待，他在一次企业理念讲话中说："我们的公司从33年前创办至今，这算是第一期，由1951年起算是第二期的新开端。当公司设立、开始业务的时候，一切事情都以谦虚的态度向别人学习。"

《说文》曰："谦，敬也。"《易·谦》说："谦。亨，君子有终。"就是说，谦虚的美德能让人做事顺风顺水，而只有君子才能始终保持谦虚有礼的美德。

佛陀经常告诫自己的弟子们，尽管自己智慧通明，也应该含蓄谦虚，一个人如果能够谦虚谨慎，能够用开放的心胸，去包容一切、尊重别人，别人也一定会尊重你、接纳你。在商场之中，谦虚也是一种品德，不仅你要对你自己的产品有一个清醒的认识，还要对你的客户，甚至你的竞争对手谦逊有礼，这样才能与他们的相处当中，学习到对方的经验，反思到自身的不足，企业才能有一个长足的发展。

所以说，诚实和谦虚在任何时候，都对我们十分有用的。在人生中，可以使你明智；在工作当中，可以使你增长经验；在创业当中，可以使你时刻自省。

诽谤者死于诽谤，造谣者丧命流言

孟子曰："爱人者，人恒爱之；敬人者，人恒敬之。"用现在的话说就是，懂得爱别人的人，别人也会爱他；懂得尊敬别人的人，别人也会尊敬他。同样，我们可以接着孟子的话从另一个角度来阐释，憎人者，人恒憎之，也就是总是在抱怨别人，在憎恨别人的人，肯定也得不到别人的好感，大家也会讨厌这个人。这不是因果报应的那种带有迷信色彩的论调，而是古人经过生活总结得出的宝贵经验。它告诉我们，做人就要做一个厚道的，懂得爱人，不去无来由憎恨别人的人。同样，我们也要做一个不去诽谤别人，不去造谣生事的人。如果一个人那样做了的话，迟早会为自己的行为付出代价，就好像那个总是呼喊"狼来了"的孩子，最终为自己的谎言付出了沉重的代价，成为悲剧。

从前，有个放羊娃，每天都去山上放羊。

这天，他突然觉得十分无聊，四处都是荒草，只有一大堆羊，它们不能跟自己说话，也不能陪自己玩。于是，就想了个捉

老人言

弄大家寻开心的主意，他觉得那样肯定很有意思。于是，放羊娃向着山下正在田里忙活的农夫们大声喊："不好了，狼来了！狼来了！救命啊！快来人救命啊！"农夫们听到喊声后，以为真的有狼来了，便急忙放下手里的活计，拿着锄头和镰刀往山上跑，他们还边跑边喊："不要怕，孩子，我们马上就过来了，来帮你打恶狼！"

可是，等农夫们气喘吁吁地赶到山上后，一看，连狼的影子也没有！此时，放羊娃指着农夫们哈哈大笑："真好玩，你们太傻了，被我骗了，哈哈，你们上当了！"农夫们没有理他，生气地走了。

第二天，放羊娃又感觉无聊，于是故伎重演，结果，善良的农夫们又在第一时间冲上来帮他打狼，可气喘吁吁地跑到山顶之后，还是没有见到狼的影子。

这次，放羊娃笑得更大声了，腰都直不起来了："哈哈！你们真笨啊！又上当了！根本没有狼，我是在骗你们的，哈哈！"

大伙儿对放羊娃这种一而再再而三地说谎十分生气，于是决定，从此再也不相信他的话了。

过了几天，真的来狼了，狼一下子冲进了羊群，开始放肆地撕咬。放羊娃看到狼后害怕极了，拼命地向着农夫们大喊："狼来了！救命啊！狼来了！快救命呀！狼真的来了！快来救我啊！"

可是，半天还是没有人上来，原来，农夫们听到他的喊声，以为他又在说谎，于是都不理睬他，更没有人去帮他，结果放羊娃的许多羊都被狼咬死了。

这是一个流传很广的寓言，相信很多人都看到过，它告诉我们，做人要诚实，如果不够诚实，总是说谎，那么，总有一天会为自己的谎言付出代价的。到那时，即使后悔也肯定来不及了。因此，我们必须要管住自己的嘴，做到不该说的话不说，特别是那些没有根据的话，更是不能说了。如果做不到这点的话，肯定也是会吃亏的，就像老话说的那样"诽谤者死于诽谤，造谣者丧命留言"。

王芳是一个中年妇女，为人也算和善，却有一个非常不好的毛病，那就是喜欢传别人的闲话，通常是有的也传，没有的也传。时间久了，大家都知道了她的为人，便很少有人愿意跟他来往了，不过王芳却不以为意，还是我行我素，总是在背后传别人的坏话，还常摆出一副什么都知道的架势。

不过，很快，她就尝到了苦头。这天，不知道谁说的，说王芳要从公司辞职了，没想到，大家听了这个流言之后，纷纷开始传开了，而且越传越邪乎，说王芳要去的是竞争对手那边，还打算把公司的一些重要的情况也带走。

最后，这个流言被添油加醋地传到了总经理那里。总经理听了，就开始侧面了解情况，结果人们说的都差不多，基本没有什么好话。可是总经理为了稳住她，没有直接找她，而是把她调离了原来的职位，放到了一个可有可无的位置上。慢慢地，王芳在公司里变得越来越不重要了，她还不知道怎么回事呢，因为她没有朋友，所以没人告诉她真实情况。最后，郁闷的王芳，被公司开除了。她走的那天，一个来送的同事也没有，大家都觉得这个人很讨厌，不愿意跟她在来往了。

这是一个悲剧，故事中的人都没有得到什么好处，王芳爱传别人的流言，结果被流言弄得丢了工作，她的同事是受害者，但最后也成了王芳事件的施害人。我们通过这个故事可以看出，流言对人们的影响。它让人变得讨厌，变得没有朋友，同时也会让人变得疯狂，王芳的那些同事就是，他们受到了流言的伤害，最终也用流言伤害了别人。这正应了前面说的那句老话"诽谤者死于诽谤，造谣者丧命流言"。

我们平时要做的就是守住自己的道德，做一个正直、诚信的人，不要去恶意诽谤别人，更不要去制造别人的流言，当然，当我们知道一个消息是流言的时候，也不要去帮助散布和传播。这些都是非常坏的习惯，是令人讨厌的行为。当一个人做这种事情做多了的时候，就会让身边的人对他产生厌恶感，变得没有人和他来往。我们都知道，现在是一个分工精细，讲究合作的社会，如果你在生活中没有朋友，没有人愿意跟你共事，那么，肯定就会失去很多的机会，让原本可能成功的你变成一个失败者。这都是诽谤和流言可能给我们带来的后果。

古人常说，祸从口出。我们应该做的就是从这些故事中学到做人的道理，管好自己的嘴，不要造谣、诽谤，更不要去传播谣言。做一个安守本分的人，做一个让人喜欢的人。只有这样，你才能够得到更多。

欺人只能一时，诚信才是长久之策

老辈人常说，"欺人只能一时，诚信才是长久之策。"诚实守信是做人的根本，是立业之基石。孔子云"人而无信，不知其可也"，意思是说，做人若是言而无信，就什么事都办不成。

为人之道也是从商之道。失信一次，或许能得到别人的谅解，但一而再，再而三地言而无信，势必会自食其果。

一个犹太人在集市上买了一头驴回家。家里人非常高兴，把驴牵到河边洗澡。恰好此时从驴脖子上掉下来一颗很大的钻石，光芒四射。家里人欢呼雀跃，认为这是上天所赐的礼物。当家里人兴高采烈地把这颗钻石带回家时，犹太商人却平静地说："我们应该把这颗钻石送回去。"

家里人不解,犹太商人严肃地说:"我们买的是驴子,不是钻石。我们犹太人只能买属于我们自己的东西。"于是把钻石还给那卖驴子的人。而那卖驴子的人很惊奇,对犹太人说:"你买了这头驴子,而钻石在这头驴身上,那你就拥有了这颗钻石。你不必还我了,还是你自己拿着吧。"那犹太商人回答道:"这是我们的传统,我们只能拿支付过金钱的东西,所以钻石必须还给你。"

犹太商人之所以舍额外之财归还,是因为他们深谙诚信的重要性。只有诚信才是长久的经营之道。

红顶商人胡雪岩年轻的时候,在杭州一家钱庄里当学徒。有一天的下午,胡雪岩一个人守在店堂里,与往常一样,依旧是翻书识字,有顾客来时,他就放下书,上前去打招呼。

这天下午,钱庄里来了位名叫王有龄的客人,是一个穷困潦倒的书生。胡雪岩与他并不相熟,但一番闲聊之后,胡雪岩发现这个书生很有才华,也很有抱负,将来有了机会一定会发达的,但是现在却缺少进京的盘缠和做官的"本钱"。

胡雪岩了解了王有龄的这些情况后,二话没说,立即私下把钱庄的五百两银子借给了他。

黄昏的时候,钱庄的老板回来了。胡雪岩就向他汇报刚才的生意。他话还没有说完,老板就气得跳了起来:"这哪里是生意?这五百两银子看来是有去无回了,你也给我卷铺盖走人吧!"

老板的想法是,不能轻易地相信别人,这是守住自己产业的根本。胡雪岩则不这么想,他想的是,真诚地相信别人才能扩大自己的生意。没有办法,老板就是老板,他叫走人,你不走也不行啊!于是,胡雪岩也就只能无奈地离开了钱庄……

胡雪岩离开钱庄后,就没有了工作,没有了饭碗,只能在杭州的街头流浪。

这样,过去了很长一段时间,直到王有龄当官回到了杭州,在西子湖畔见到了胡雪岩,他街头流浪的日子才告结束。

王有龄感念胡雪岩当初对他的信任和帮助,资助胡雪岩在杭州开出了自己的钱庄。

胡雪岩开办钱庄后,坚持重信义,生意越做越好,越做越大。仅仅四五年时间,就赢得了"红顶商人"的称号。

1878年,胡雪岩受朝廷嘉奖,封布政使衔,赐红顶戴,赏黄马褂穿,可紫禁城骑马。作为一个商人,能够获得如此殊荣,真是不得了!

真诚地相信别人才能扩大自己的生意;相信别人实质上也就是相信自己。我国自古就有"无商不奸"之说,但是胡雪岩却认为"为人不可贪,为商不可奸,经商重信义,无德不成商"。这番话显示的是诚信，诚信是胡雪岩的经商之道、经营之本，也是广大商人安身立命、发扬光大的重要基础。

市场经济的灵魂是"诚信"二字。著名的经济学家吴敬琏先生也曾经告诫过我们，"诚信是现代市场的生命，是企业从事生产经营活动的因素，它是有真金白银的经济价值"。有所许诺，纤毫必偿。有所期约，时刻不易。对他人负责，其实就是对自己负责。

第三章

经营致富：买卖不懂行，瞎子撞南墙

——推销自己，掌握财富流动的秘密

三分掌柜，七分伙计

如今是一个高速发展的社会，也是一个分工精细的社会。在这样的社会环境下，合作就成了衡量一个人是不是人才的标准了。我们都知道，如今的分工已经非常细致了。以前都是作坊式生产，一个人负责整个产品的所有环节，但现在，都是每个人负责一部分，然后组合到一起，完成整个产品的制作。在这个过程中，需要的就是彼此的合作和默契，只有每个环节都做到最好，才能保证最终的产品的质量，才会有竞争力，企业能够生存，员工也便能够得到发展。由此看来，合作能力已经是一个人必不可少的了，甚至是现代衡量一个人的重要标尺。

我们的老祖宗给我们留下了很多关于合作的重要性的警句，

老人言

像描述人多智慧大的"三个臭皮匠胜过诸葛亮",像描述商业合作的"三分掌柜,七分伙计"等,都是在强调这一点的。而且,关于如何合作,古人也进行了很多的探索,其中还有很多个小故事。

在小说《乔家大院》里曾讲到,乔家堡的乔致庸,就曾经对手下的员工实行了股份制,让每个伙计都持有店铺的股份。这样,大家就会把店铺当成是自己的产业,就会用尽自己的全力去为店铺的利益着想,最终也便成就了自己。

当时,正是乔致庸刚刚接过家族产业不久的时候,本来他们家的产业都是由他哥哥负责的,但是他哥哥因为一次失误而陷入了对手的圈套,以至于乔家差点破败。乔致庸接过家族的重任之后,用自己的智慧化解了危机。不过,他也同时看到了问题。那就是很多伙计都不够敬业,对店铺的声誉和利益都不够关心。于是,乔致庸就想了这样一个办法,修改了制度。

按照制度来说,只有掌柜级别的人,才有资格从东家那里分红。但是乔致庸觉得这样不公平,而且也不能充分得调动大家的积极性,于是他规定,普通伙计也有分红的机会。当时他的做法在晋商当中引起了很大的轰动。大家都觉得这个乔致庸疯了,怎么可以给每个人都分红呢?那样不是让东家的收入变少嘛?甚至有人已经开始联合其他晋商联合抵制乔致庸了。人们都觉得,这个改变了原有规矩的疯狂家伙根本就不懂得生意,不久就会让家族产业丢失殆尽。

但是,很快,那些人就失望了,乔致庸不仅没有败,还成了晋商当中的顶尖人物。

乔致庸能够取得那么大的成就,靠的就是自己的智慧,他懂得合作的道理,知道"三分掌柜,七分伙计"对自己的好处,明白只有合作才能够更长远。那些不理解他做法的人没有看出这些来,所以,他们的产业不如乔致庸大,发展得也没有那么快。

这是古人的故事,不过今天看来,还是对我们很有启发的,因为时间虽在流逝,但道理是永恒的、不变的。

很多的老板都觉得,在员工身上克扣些工钱是对公司有利的,会节约了公司的运营成本。但他们不知道,这是以牺牲效率为代价,而且这代价不是他节约的那一点点成本能够比得了的。

之所以有人会这样想,就是因为不明白合作的道理,不懂得合作的好处。所以,才会做出这种看似精明实则愚蠢的事情来。

大伊是一家私企老板,他给员工承诺的条件很好,既有基本工资,也有绩效提成,而且大伊给出的提成条件也比同行业多了很多。所以,他招聘员工时很顺利,不久就将公司弄得有声有色的。不过,很快,情况就转变了。

原来,大伊虽然承诺了很多,却从未兑现,他总是在给自己的员工画大饼，告诉他们公司将来多么有前途，员工跟着他能够取得多么大的成就。这些话开始的时候还是管用的，但很快就失灵了，因为大家都看出来大伊所做出承诺的虚假性。

于是，大伊的员工开始慢慢流失，很多有能力的员工都离开了公司，但是大伊依然故我，还是像以前那样做，不知道改变。

很快大伊的公司就没几个人了，已经快要开不下去了。可大伊这时候还是不认为自己有问题，他觉得问题都是出在员工身上的，是员工没有远见，不懂得公司将来的发展空间才离开。

现在，大伊的公司已经倒闭了，不过他还是不明白，自己为什么会创业失败。

我们要做的就是重视合作，学会合作。要明白，做人就要做乔致庸那种的，而不是做大伊那种的。只有懂得合作，明白"三分掌柜，七分伙计"的道理，才能让你赢得更多人的帮助，也就能做成更多的事，那时候，你就会明白，合作给你带来了多少好处了。

把握机遇，抓住未知的财富

未知的财富是人所无法预料估计的，包括它的存在，以及价值的大小，这就需要一种长远的眼光以及在当时对机遇的正确把握了。

美国在本土以外隔着加拿大还有一块领土——阿拉斯加。阿拉斯加远离美国本土，面积1519万平方千米。该地区天寒地冻，是爱斯基摩人的居住地。阿拉斯加成为美国的领土，这其中还有一段经历。

1741年，俄军渡过白令海峡首先发现了阿拉斯加，沙皇随即派兵占领，于是阿拉斯加成了俄国的殖民地。

1856年，俄国在俄土战争中战败，国库亏空。俄国到处搜集财源，于是就想到了阿拉斯加。沙皇认为该地油水不大，甚至到时可能还要贴本钱，不如卖掉。1861年，俄国着手与美国谈判出售阿拉斯加事宜，可是美国当时正值南北战争爆发，无力置产。但沙皇亚历山大二世仍不放弃向美国推销阿拉斯加的任何一次机会。

1867年3月29日，俄国驻美大使斯捷克尔竟不顾礼节，深夜求见美国国务卿威廉·西沃德。西沃德正在客厅打牌，当他听到斯捷克尔男爵竟把价码降到700万美元时，立即把手中的纸牌一丢，眉飞色舞地喊道："为什么要等到明天呢？我们今晚就签约吧！"双方当场拟定了协议文件，连夜请来美国参议院外交委员会主席作证。经过激烈的讨价还价，直到凌晨4点，双方终于以700万美元外加20万美元的手续费成交。720万美元买下了

1519万平方千米的土地，每平方千米土地只值47美元。阿拉斯加成了世界上最廉价的土地。

但美国政府购买廉价土地的举动却遭到国内的强烈反对，当时舆论大哗。原因是美国内战初期，财政困难。在野的共和党人把这一交易称之为"西沃德的愚蠢"，把阿拉斯加比喻为美国总统"约翰逊的北极熊花园"。但经过激烈的争论，参议院终于在4月9日批准了这笔交易。

然而，谁也没有想到这个冰天雪地的地方竟然是个"聚宝盆"。1880年，人们在这块不毛之地上发现了金矿，引起了美国"淘金热"。仅1903年一年，阿拉斯加就向美国政府上缴税金954615美元。后来，人们又在阿拉斯加发现了美洲最大的油田，年产石油6000多万吨。这里的煤、铁、天然气的贮藏量也极为丰富。据最保守的估算，美国人得到阿拉斯加后的前50年从这块土地上得到的纯收入就超过7.5亿美元，这包括出售从阿拉斯加开采的贵重金属的收益。

现在，该地和沿海地带的自然资源估计价值5000亿美元。特别是阿拉斯加与俄国相望隔海，又是美俄之间距离最短的地方。这个占美国国土面积1/6的第一大州，成了美国重要的军事基地，其战略价值用金钱是无法衡量的。

未知总是伴随着机遇，从未知中发现机遇，在未知中挖掘价值，这才是智者的眼光。所以，我们不应该鼠目寸光，被眼前的一点利益所蒙蔽，而应该放眼未来，看到事物在未来的价值。

先有交代，后有买卖

我们的文化中，有很多值得人们品味的名言警句，是我们古老民族的智慧。不过，我们也必须看到，随着时间的流逝，社会的变迁，其中有些已经不能适应我们现在的社会了。这其中就有一个"成大事者不拘小节"。我们都知道，现在是一个讲究细节的时代，用一句话说就是细节决定成败。随着科技的发展，人们对技术的掌握越来越精深了，这精深的技术靠的就是一个个细节。由此可知，随着社会的改变，我们也是要做出一定的调整的。只有通过适合的调整，才能让我们变得更加适应这个社会，也就能够更加接近成功，得到我们想要的东西。

在我们的文化中，还有这样一个情结，那就是凡事都不喜欢交代清楚，而是凭着各自的爱好或者说心理认知去掌握各种度。其实，这一点与成大事不拘小节是有相通之处的，我们总是认为凡事说得太清了就失去情分了。其实不然，很多时候，就是要说清，不但要说清，有的时候还要写下来。只有这样，才能够避免很多的麻烦。

下面我们先来看一个故事。

大根是一个普通的农民,很穷苦的那种。他家里没有地,只能靠给地主做长工来养活自己。

大根的东家是附近有名的富户王员外。大根觉得跟着这样的东家,肯定是有出息的,至少不会赖自己的工钱。大根去的时候,也没有跟王员外多说,只是大概地谈了一下价钱,就开始干活了。

大根很努力,他每天天不亮就起来,太阳落山了之后才离开地里。而且,大根干的活也很漂亮,又认真又仔细,从不会糊弄东家。

很快,年关就到了,大根去找王员外结工钱,可让大根没想到的是,这个一向以和善著称的员外竟然克扣了他的工钱。王员外只给了大根当初说定的一半的钱。

大根完全没想到会是这样一个结果,于是跟王员外理论。结果,王员外根本不认原来的约定,而是说当时就是这么说的,一年就给这么多钱。大根找不到能够给他作证的人,于是便这样受了欺负。

其实,王员外也本不想克扣大根的工钱的,不过是因为夏天的时候家里出了点事,着了一场大火,损失了很多家当,远不如从前殷实了,所以才无奈做下了这种事情。

但是，我们也必须看到，王员外不管遭受了多大的损失，都没有理由赖他人的工钱的，他这么做是绝对不对的。不过关键还是在于大根没有当初约定的证据，这是导致他受了欺负的最直接的原因。

由这个故事，我们可以看到很多的道理。通常，我们都以不拘小节为标准去要求自己。觉得不管是跟朋友，还是跟自己的客户办事的时候，都不能说得太细，那样是很没面子的事情，会显得自己小气。但是，我们必须认识到，这样是最容易出问题的。就像大根一样，他就是由于不好意思开口，又觉得王员外有之前的名声在，不会赖自己的账，才那么大意的。所以，我们应该明白，不要恶意揣度别人，但也不能让自己处于没有保护的状态。更重要的是，凡事都事先说清楚不仅不是小气，而是一种聪明。

小李是一个销售人员，业务也还不错。这天，他联系了一个客户，对他们的产品很满意，决定购买一批。整个单子进行得很顺利，就是在合同条款的约定上出了点问题。原来，客户觉得，小李他们公司的合同写得不够细致，很多可能出现的小问题都没有写进合同当中，在客户看来，这是一种不专业的表现，也很可能在以后导致问题。所以，客户要求修改合同，要做得更细致些。

开始的时候，小李很头疼，他从来没遇到过这种事情，觉得这个客户实在是太多事了。不过为了成单还是忍了。最后，小李修改了很多处，客户才跟他们签了合同。签合同的时候小李还想着，以后可别碰到这么难缠的客户。不过，很快，小李就对客户佩服有加了。原来，小李的同事小张最近也签了一个合同，就是按照公司之前的范本签订的。结果，在客户使用的过程中出现了很多问题，有些是产品本身有毛病，有些是客户使用不当。但是，在合同中没有严格规定这些现象的责任分配问题，搞得事情一团糟。客户说凡是有问题就应该小李他们公司来负责，可公司这边说很多都是客户自己的问题，不应该他们负责，结果本来好好的合作关系变成了敌对关系，搞得小张每天都愁眉苦脸的。而小李当然就没有这种问题了，因为之前合同都规范过了，责任认定很清楚，自然没有这样那样的烦恼。这时候，小李才明白客户那样做的真正用意。

上面的两个故事都是跟我们的生活息息相关的，也是我们在日常生活中总能碰到或听说的。但好像很少会有人对这种事情引起注意或从中汲取道理。我们的先人早就说过一句话"先有交代，后有买卖"，说的就是在做事之前应该先规范规则，而不是稀里糊涂的，一副做大事者不拘小节的样子。

就像前面的故事一样，如果当初大根跟王员外签订一个文书，那么，他就可以去告官，追回自己的损失。如果当初小张的合同也像小李一样签,便不会有后来的麻烦。

我们必须要认清,在做事之前先制定规范不是没事找事,也不是说这个人不够大度,这是一种聪明的表现。只有聪明人才能够看到以后可能出现的问题,而在最开始就想着如何去规避,这样做不是在制造麻烦,而是为了以后没有麻烦。

不要因为抹不开面子或者想要逃避现在的麻烦,就在做事的时候稀里糊涂的,很多事情都没有事先交代。这样不但不能保住面子,避免麻烦,反而会让自己丢了面子或制造出更多的麻烦。我们要学习的就是这种智慧,记住"先有交代,后有买卖"的道理。在麻烦发生之前就将其解决掉,这样做了,你会赢得更多。

先做朋友,后做生意

俗话说得好,在家要靠父母,在外靠朋友。在外经商就得会做"人情生意"。先做朋友,后做生意,这样才能把事情办好,生意做大。

李先生是杭州一家笔庄的老板。1989年在杭州创业时,他十分窘迫。那个时候是他人生中的最低谷。即使如此,他也没有放弃,而是经常出没于杭州的各个画廊、美术院校,只要有机会就给别人看他的笔。

一天,李先生在一个画廊里遇见了一家画院的院长。李先生看院长气度不凡,就拿出一支上好的鸡毛笔要送给院长,院长看后感到很惊讶。这次巧遇使院长对他的笔产生了浓厚的兴趣,以笔会友,两个人在研究笔的过程中结下了深厚的友谊。为了让更多的人了解他的笔,院长决定帮他开一个笔会,并免费提供场地。通过笔会,李先生认识了画院的更多的朋友,还帮助他解决了欠了多年的债务问题。时间长了,李先生的笔庄在杭州渐渐闯出了名气。

不久后,李先生将他的笔庄开在一个冷清的文化用品市场二楼的拐角里,气氛虽然冷清,但李先生却有他的目的。喜欢毛笔的人都是一些文人,不喜欢很热闹的地方,书法家、画家来这一看就会觉得比较高雅,地方也比较宽敞。

如今,李先生已经拥有两个笔庄、一家工厂,每年制作销售毛笔四五万支,李先生正走在成功的创业路上。

其实,做生意投资人情,谈的就是一个"缘"字,彼此能够一拍即合,要保持长期的相互信任、互相关照的关系也不那么容易,要办好事,我们就要牢记人情准则:"先做朋友,后做生意"。

某企业董事长的家里,每到年底时,都会收到堆积如山的赠品。由于太多,而且礼物和赠礼的人不一致的情形也不少。所以听说这位董事长只留下合意的礼物,其余的都退回百货公司。然而,有一年岁末,这位董事长却意想不到地收到了令他满意的礼物!那是在美国流行的"高句丽菜田娃娃",不知是怎样寄来的,总之是送给董事长的小女儿的。赠品也很别致,而把这别致的礼物不送给董事长而送给他的女儿,的确令人深感其诚意。

有人出席某电气厂商主办的演讲会。演讲后,对送到车站来的主办单位的人员无意中提起"我母亲目前住院……"第二天,也不知演讲会的主办经理怎样打听到的,竟然到此人的母亲入住的医院来探病。此人在震惊于主办者意想不到的好意的同时,感激之情不可言表。

情感是人们沟通、交流的桥梁。饱含真情的语言则是唤起情感的一种最具感召力的武器。运用真情流露的言语策略,可以顺利地使双方产生情感共鸣,关系融洽,形成良好的交际氛围,可以有力地推动人们将某种行为动机付诸实施,并做出积极的反应。

人是感性动物,当然都难逃脱"人情债"。尽管在商场上素来有"认钱不认人"之说,但是成功人士都善于投资"人情生意",所谓人情投资,就是能够在人情世故上多一分关心,多一份相助。

时间就是金钱，效率就是生命

在所有的资源中，时间不同于其他资源，它没有弹性，找不到替代品，而且永远是短缺的。时间既不能停止，也不能保存。如何合理利用时间将成为每个人一生的必修课。

有人认为自己是时间的奴隶，有人埋怨时间过得太快，在每天都差不多结束时，才发现应该做的事情还没有做完……

张路和刘波是同一家企业的两个部门主管。他们每天都要工作八九个小时。张路离开办公室时总要带着一公文包文件，他要利用自己的业余时间继续完善自己未完成的报告。他总是觉得很累，基本没有什么时间可以用来放松和休息。

与张路相反，刘波坚守一个原则：绝不把任何工作问题带回家。在上班的8小时，他就尽可能认真地做好当天的工作。当然，时间总是有限的，他会首先完成最重要的工作，其余琐碎的小事要么不做，要么就授权下属去做。

一段时间以后，两人的业绩差别变得非常明显。张路越来越力不从心，最悲哀的是，他做了很多无用功，真正重要的事情却没有做好。刘波还是那副轻松自得的样子，周末还有时间和家人一起出去游玩，他所分管的业务增长很迅速，获得了上司的嘉奖。

张路和刘波在能力上并没有特别大的差异，然而，能否对时间合理利用让两人立刻有了高下之分。

简单的往往是有效的，让我们忙得晕头转向的往往并不是那些所谓的巨大的劳动量，而是我们不知道自己有多少工作，该先做什么。这就是因为我们还没有掌握安排时间、利用时间的艺术。

时间是一种资源，善于利用时间就能节约成本、提高效率，带来巨大的业绩。掌握了时间安排的艺术，时间便会生机无限。

有一位著名的科学家，他把自己的每个工作日都分成"三天"。"第一天"是从早晨到下午2点，他认为这是最宝贵的时间，用来安排做最重要的工作。"第二天"是下午2点到晚上6点，这时身体已经比较疲倦，这段时间用来安排做些比较轻松的工作。"第三天"是从晚上6点到午夜，这段时间是身体的低效期，可以用来参加会议、看书，等等。

我们虽然不一定要把一天当作三天去用，但至少也要学会有效地利用时间，全力去生活。

你可以为自己制定一套时间计划。经常检查某一短期目标是否如期完成，用工作日记将完成每件事花费的时间记录下来。只要拥有成熟的计划、行程表，原本凌乱不堪的工作，就会显得条理井然起来。在你每天早上走进办公室的时候，就开始计划一天的工作，把所有事项按重要性程度进行排列，然后尽可能一有时间就去干最重要的工作。

当你开始学着合理利用时间的时候，你会发现，你的时间宝藏还有很大的潜能等着你去发掘。

效率就是生命。集中你的时间做最核心的、最有生产力的事情，把重要的事情摆在第一位是时间管理的要诀所在。而所谓重要的事情，是指真正有助于达到我们目标的事情，是让我们的工作与生活更有意义、更有成就的事情。

成功者总是从容不迫地在做着最重要的事情，很多人却急急忙忙做着紧急而不重要的事情。你必须学会如何把重要的事情变得很紧急，这时你就会立刻开始做最重要、最有生产力的事情了。

买卖成交一句话

人是复杂的，很多时候，我们遇到一件事，首先想的就是可能会出现这样的情况，那样的情况，在自己的心中给出了很多个可能；然后又给每种可能都加上了不可能的标签，自己来吓唬自己；然后就在这些臆想当中，失去了信心，不敢去做了；结果，就导致了我们的失败。

但是，事情往往都不是按照我们的想象来发生的。爱因斯坦曾经说过一句话"世界服从简单性原则"，这话是绝对正确的，绝大多数时候，事情都是简单的，不过是我们把它想得过于复杂了。就像在做生意的过程中，有时候，买卖的成功与否，靠的就是一句话，有了这句话，你就能成功，没有这句话，那么，可能就是另一个景象了。

博恩·崔西是一个伟大的推销员，在他看来，只有不会卖东西的人，没有卖不出的东西。他经常给别人讲述自己成功的经验，给别人讲那些他做成的生意。当然，也会介绍他是如何一步步走向成功的。下面，我们就来看看他的事迹。

当博恩·崔西还是一个菜鸟业务员时，他常常白天沿着街走访，向一家又一家的公司推销自己的产品，晚上则是搜集资料，准备第二天的拜访。不过，那段时间他活得并不幸福。他说，那是他很不喜欢的工作，或者说，他很怕这份工作。

每次拜访客户时，博恩·崔西都会很热情地向介绍自己的产品，介绍完产品后，便迟疑地问对方："请问，您觉得怎么样呢？"

对方总是回答："把资料留下来吧，我再考虑考虑！用到的时候会联系你的。"

几次之后，博恩·崔西发现，所谓的"我再考虑考虑"的真

老人言

正意思就是:"我根本不会考虑。"

但当时,博恩·崔西还是天真地以为,每个客户都在"考虑"他的产品,甚至以为,过不了多久,客户就会打电话要订单。结果,根本没有人打来电话。

经过了几个月的失败之后,博恩·崔西明白了,自己总失败的原因与价格、市场需求等都没有关系,真正的原因在他自己,是他从来都不敢主动要求客户下单。

这天,博恩·崔西的心情非常不好,长时间的失败已经让他快要崩溃了。当他再次听到客户"我再考虑考虑,你过几天再来一趟吧"的时候,鼓足勇气说了一句他一生都不会忘记的话:"抱歉,我可能不会再来了。"

"什么?不再来了?"对方很惊讶。

"是的,"博恩·崔西说,"我已经全部解释清楚了,可你不买,就说明不想买,那我干吗还来呢!"

结果,对方看看博恩·崔西,然后抬起头来说:"好吧!我买了。"

博恩·崔西走出大门时,手握着订单,感觉整个人轻飘飘的,他想:"我终于有突破了。"

从那以后,博恩·崔西就好像变了一个人一样,不再是那个失败者了。每次别人跟他说"考虑考虑"时,他都会对那人说一模一样的话，结果也都一样，顾客买了他的产品。

接下来的几个月，博恩·崔西打破了全公司的销售记录，收入也增加了20倍。当他成为一个团队领导的时候，每次给属下培训都会跟他们说，第一次跟客户见面时就要主动要求客户下单……博恩·崔西这一招果然奏效，很快，公司业绩马上翻了几番！

如今，那句话已经成了博恩·崔西部门的口头禅了，在他们办公室的墙上就贴着那句话。他们部门的每个人都铭记一个道理，很多时候，想要成功的卖出你的东西，关键点不在于你有多么能说，多么了解别人，而就在于一句话，只要你多说了那么一句，你就成功了。

不过，我们也必须看到，想要说出有这样效果的一句话，也是需要一定的条件的。首先，要有一颗愿意上进的心。故事中关于这点，没有太多的涉及，博恩·崔西是偶然发现一句话就可以改变自己的工作的。但是，我们既然了解了前人如此成功的经验，就不能再去靠运气和偶然了，那么，靠什么呢？靠的就是一颗上进的心，只要有了上进心，就会去想成功的办法，在这思考的过程中，就可能发现。

其次，还要有一颗聪明的头脑，要学会换位思考。只有掌握了人性，了解了别人是如何思考的，他们的着眼点在那里，我们

老人言

才能更好地制订出针对那人的计划,从而将生意做下去。

最后,就是靠坚持了,就像博恩·崔西一样,在失败中不要失去信心,要懂得坚持。我们必须看到一点,虽然博恩·崔西是偶然发现一句话可以改变客户态度的,但是这偶然中也存在着必然。试想,如果博恩·崔西不是特别努力地每晚查找客户的资料,了解客户的信息,那么,他还会有后来的机会吗?显然不会了,就像你去向一个不喝酒的人推销你的酒,无论你说什么,他都不会买的。所以,积累和坚持也很重要。

如果你具备了以上几点,那么,你的成功概率就会大了。

小李是一个刚刚踏入社会的小白领,在公司做销售,不过他的业绩却总也不理想。这件事总是困扰着他,这天,小李问自己:"为什么有些业务员比别人更成功?"

从那天起,小李就开始向同行请教,他最常问的是:"如何解答客户的问题,并最终做成买卖?"然后通过别人的回答,总结技巧,学习经验。

终于,小李慢慢成长了,从那个业绩不怎么样的小菜鸟变成了公司的销售冠军。这一切,都是他爱问的结果,都源于他总问的那一句话。

我们可以看到,小李也是符合上面说的那几点的。他有一颗上进心,懂得换位思考,更是懂得坚持。正因为这样,小李凭借着一个简单的问题,就取得了长足的进步。

我们要学习的就是这些成功人士的经验。在遇到事情的时候不要轻易放弃,而是进一步,再多说一句话,很可能这句话就可以改变你的境遇,给你带来一片新的天地。

记住这句话吧"买卖成交一句话",它告诉我们的是一种进取的心态,让我们在面对失败的时候不是放弃,而是多说一句话,多问一个为什么。这样坚持下去的话,你必将会取得成功的。

不说等一等,要说马上来

每个人都是渴望成功,渴望财富的,但是,好像很多人永远都是处于对成功、对财富的追逐过程当中,很少有人能真正实现自己的目的。我们总是把出现这种情况的原因归咎于社会,归咎于环境,却少有人会从自身找原因,从自己的行为上发现问题。通常,每个人都是有惰性的,而很多时候,就是由于这种惰性,让我们错过了很多的机会,与成功擦肩而过。我们经常能看到这样的人:甚至有时候我们自己就是这样的人,当有事情发生的时候,或者有梦想要去实现的时候,不是马上就去做,而是自己告诉自己,要"等一等";结果,往往这等一等,就变成了等几等,等十几等。最后，这件事就在拖拉中被忘记了，我们也在这种拖拉中错过了成功的机会。

而再看看那些成功的人，他们遇到这样的事情的时候，从来都不是说"等一等"而是说"马上来"，于是他们说完之后就开始动手，就去做事了，也会因此而比别人更加成功。

可能有人会觉得上面说的有些夸大，不就是两句口头禅吗？真的有这么大的能量吗？答案是肯定的，这不仅是口头禅那么简单，它能够折射出一种心理状态和一个人的习惯。常说"等一等"的人，通常都是懒人，他们缺乏的是行动的习惯和勇气，而那些常说"马上来"的人，则是彻底的行动派，他们遇事从不拖拉，而是想了马上就做。做的事多了，成功的机会自然就大了。

从前有两个年轻人，一个叫小山，一个叫小水，他们住在同一村庄，从小一块长大，也是彼此最要好的朋友。由于居住在偏远的乡村，谋生不易，看不到希望，他们就相约到外面去闯荡。于是，两个人同时把田地卖掉，带着所有的财产和驴子远行，去寻找自己的希望，实现自己的梦想。

两个人来到了一个生产麻布的地方，了解当地的情况之后，小水对小山说："在我们的家乡，麻布是非常值钱的东西，我们把带来的钱换成麻布，然后带回故乡去卖，一定会有利润的。"

小山听后感觉很有道理，但他是一个比较懒散的人。便回答："你的主意的确不错，不过我想，或许我们应该继续考察一下，等把情况彻底弄清了再动手也不迟，我觉得还是要等一等。"可小水不这么想，他觉得，遇事不能等，也没必要等，只要马上去做就好了。于是，几天后，小水开始收购麻布了，而小山，则是每天在街上逛来逛去，打听麻布的行市和制作过程等，有时候，小山还会去附近的山上看看风景。

半个月之后，小水带着自己收来的麻布返乡了，他要开始自己的第一次生意了。但小山还在那个城市里闲逛，他觉得，麻布肯定是有市场的，现在要做的不是马上开始做生意，而是想好如何才能够一次性把生意做大，那样才是正途，于是，他继续在那里考察。

一个月之后，小水再次来到了这个城市，此时，他已经赚到了自己的第一桶金，而且还是一个不小的数目。而小山，依然没有行动的意思，他依然觉得时机没有成熟。

三个月后，小水的生意已经初具规模了，他雇了两个人帮着自己干活。而小山，还在等待，这次不仅是因为觉得时机不成熟，还有资金问题，原来，他在这边待了好几个月，身上带来的钱已经花得差不多了。半年后，小水已经俨然成了一个小富翁了。而小山，则成了小水手下的一个雇员，每天帮着小水干活。

他还会经常跟其他干活的人说:"你们知道吗?我和小水本来是一起出来的,不过他的运气好罢了;所以才成功了,我的运气差些,考察完市场资金就不够了,要不然,我的生意会比小水的还大……"

很多时候就是这样,我们总是觉得时机没到,或者我们总是觉得机会还有很多。于是,在该干的时候没有干,而是告诉自己"等一等";结果,等到想干的时候,机会已经错过了,我们也就离成功越来越远了;更有甚者,还会像故事中的小山一样,觉得是自己的运气不佳,所以才会没有成功。

我们必须认识到,行动是最好的竞争力,遇事的时候,要做的就是马上行动,而不是拖拉等待。要知道,机会是不等人的,它不会给我们准备的时间,更不会停下脚步等待我们。所以,想要成功,首先就要养成马上去做的习惯,遇事的时候不是想着"等一等",而是对机会说"马上来",哪怕这次不行,也不要失去信心;下次的时候依然要保持热情,大声告诉自己"马上来"。如果你养成了这样的习惯,不久后你就会发现,在同样的时间内,你比别人做的事情要多很多,而这些就是你成功的基础。因为做的事情多,机会就多,成功的概率自然就更大了。也许你会觉得不以为然,但是,成功有时候就是这么简单。

我们要看到,成大事者往往就在于那一次次的积累,而一次次的积累，靠的就是马上行动。这过程中，习惯的力量是很大的。

从今天起，从现在起，养成一个好的习惯吧，让自己变得勤快起来，不管遇到什么事的时候，不要去等，不要去拖拉，而是马上去做。在日常生活中，养成这样的习惯，多说"马上来"，少说"等一等"。坚持住以后，你就会发现，出现在你面前的机会比以前多了，你也比以前更成功了。到那时，你就会真正明白这两句口头禅的含义了。所以，不要再想了，开始行动吧，做一个乐于行动的人，做一个成功的人。

卖得回头笑，不请还自到

如今是个开放的社会，更是一个讲求效率、讲究创新的社会。在如今的社会中，财富是很多人追求的目标，但是，大多数人都是眼睛盯着财富，却不知道如何才能够得到财富；更有甚者，还会走入歪道，做些见不得人的事情，以达到追求财富的目的。我们都知道，这样是错误的。我们要做的就是热爱财富，但靠正常的手段去得到财富，而不是靠一些见不得光的办法来获得财富。

但是，很多人可能会说，在竞争如此激烈的社会环境中，老老实实做生意，真的能够得到自己想要的那么多财富吗？答案是肯定的，只要你真的心里装着别人了，那么，你就一定能实现自己的目标。具体来说，也很简单，一个微笑就可以了。

老话早就说过"卖得回头笑，不请还自到"，讲的就是这个道理。很多时候，我们觉得现在的顾客要求太多，给我们开出的条件太苛刻，所以生意不赚钱，日子不好过。可是，我们是否真的换位思考过，是否从自己的身上找过原因。相信很多人都会说没有，他们从来都是眼睛盯着别人，然后去抱怨，要知道，这样是不对的。我们要懂得换位思考，要懂得从别人的角度来想，如果这样做了，在每次对待自己的顾客的时候，都能够提供周到的服务，给他们一个真诚的微笑。那么，你的生意自然就会好起来。

很多人都知道海底捞火锅店，甚至还有人写书专门介绍他们的成功经验。可是，相信一般人不知道，海底捞的核心业务其实不是餐饮，而是服务。

在海底捞，顾客能真正找到人们常说的那种"上帝的感觉"，有时甚至会觉得"不好意思"。有食客就曾点评，"他们的服务实在是太周到了，非常在意顾客，有时候都让人感到不好意思了。不过，我相信，以后家里有客人的时候，还会到这里来消费的。"

这就是事实。海底捞用服务征服了绝大多数的火锅爱好者，很多顾客都会乐此不疲地将在海底捞的就餐经历和心情发布在网上，跟别人述说自己在海底捞享受到的周到服务；因此，越来越多的人被吸引到海底捞，他们的生意自然也就越来越好了。

对很多食客来说，等待，都是一个痛苦的过程。你进到任何一家火爆的餐馆，都会看到等待着位置的人们脸上那焦急和无奈的表情，但海底捞把这变成了一种愉悦。在海底捞，手持号码等待就餐的顾客能随时看到屏幕上打出的座位信息，而且还可以享受免费的水果、饮料、零食；如果是一大群人在等待，海底捞的服务员还会主动送上扑克牌、跳棋、五子棋之类的桌面游戏供大家打发时间……

等客人坐定点餐时，他们的服务一样周到，你刚一坐定，围裙、热毛巾已经一一奉送到你的眼前了。服务员还会为长发的女士递上皮筋和发夹，以免头发垂落到食物里或对就餐造成不便；戴眼镜的客人则会得到一个精美擦镜布，以免热气模糊镜片，影响就餐……

在你吃饭的过程当中，也是一样会享受到"上帝般的感觉"。每隔15分钟，服务员就会主动更换你面前的热毛巾，保证客人用的毛巾永远是干净的；如果你带了小孩子，服务员还会送孩子一件小礼物，甚至陪他们在儿童天地做游戏；如果你们桌上有过生日的，还会意外得到一些小惊喜……

餐后，服务员会马上送上口香糖，在你离开的过程中，一路上所有服务员都会向你微笑道别。

还有一个具体的例子。海底捞的店里通常都有一个书架，上面满是各种书籍，供等位置的顾客阅读。一位网友去海底捞吃饭的时候，发现他们的书架上有一些是盗版书。就随便发了一条微博，附上照片，说海底捞的店里有盗版书。可让这位顾客没想到的是，当他吃晚饭出来的时候，书架已经空了。而同时，海底捞的官方微博上还有一条致歉信息，说他们想得不周到，错摆了盗版书，现已经将盗版书下架，会尽快换上正版的……那位顾客看了之后，彻底服了，并在网上夸奖了海底捞的这种服务精神。毫无疑问，这样贴身又贴心的"超级服务"，肯定是会让人流连忘返，一次又一次不自觉地走向这家餐厅的。海底捞也就是靠着这种"超级服务"成了很多人的用餐首选地点。

相信，看了这些之后，很多人都明白了，为什么海底捞那么受欢迎，为什么他们能够赚钱。原因很简单：服务，而在这服务的背后，则是一张张笑脸，是把顾客当成自己亲人的一种精神。正是这种精神，让海底捞创造了一个又一个的奇迹，他们也在这奇迹当中越走越远，越做越大。

此时，我们应该明白为什么我们的生意不赚钱，为什么我们的顾客没有海底捞的多？差别就在于我们的态度，很多饭店里，也会有微笑服务，但那微笑很多时候都很勉强，而不是像海底捞这样，是一种发自内心的微笑，是把顾客当成亲人的一种微笑。这种差别，就决定了你是否能够赚钱。

记住一句话，"卖得回头笑，不请自来到"，不论是你做得什么行业，只要有海底捞的那种真诚的服务精神，自然就有回头笑，也就能够让更多的客人，不请自来到。

第四章

财富之道：要想吃鱼，就不能怕腥

——通往财富的路虽多却相似

小钱不去，大钱不来

讲一个历史故事，对于我们的买卖经大有益处。

1485 年，英国国王理查三世准备在波斯沃斯与奇蒙德伯爵亨利带领的军队决一死战。

这是一场决定谁将统治英国的战役。理查三世打算身先士卒，他命令马夫备好自己最喜欢的战马。

战斗在清晨打响，理查三世跨上战马，率领着他的士兵冲向了敌人的阵地。谁知，他还没有冲出一半，他的坐骑突然马失前蹄，跌倒在地。理查三世也随之而从马背上被掀了下来，理查三世还没有来得及抓住缰绳，惊恐的战马就一跃而起，跳起来狂奔而去。士兵们见理查三世被跌翻在地，误以为自己的国王中箭身亡，纷纷转身逃跑，亨利的军队包围了上来。理查三世挥舞着宝剑，对着苍天大喊："马！一匹马！我的国家倾覆就因为这一匹马。"

战斗结束了，理查三世成了亨利的俘虏。

理查三世的坐骑为什么在激烈的战斗中马失前蹄？原来，他的马夫在匆忙中少给马掌钉了一个铁钉。

于是，便有了："少了一个铁钉，丢了一只马掌；少了一只马掌，丢了一匹战马；少了一匹战马，败了一场战役；败了一场战役，失了一个国家。"

莎士比亚的名句"马，马，一马失社稷"说的就是这个故事。在我们的买卖经中，也同样注意"一马失社稷"，切忌目光短浅。聪明的商人看问题知道把眼光放远，不为眼前的蝇头小利而放弃基本的原则。一个成功的商人要懂得善用"小钱"，憨人有福，只是表面的现象，本质上的原因是憨人遵守了天地间最古老的法则"小钱不去，大钱不来"。貌似愚笨，恰是精明之处，因为顾客也都是"有心之人"，也就是，给顾客小处的实惠，赚得商场最有利的资本——顾客对自己的信任，从而从大处获得利润。

美国加利福尼亚州有一个年轻人打算创业，选择了经营家用商品的邮购业务。首先，他从知名的大厂商那里拿到了代销权，然后，他找到了一份很有名的妇女杂志，刊出"1美元商品"广告。所有商品都以1美元的价格出售，而且都是知名的大品牌，又很实用。杂志广告一刊登出来，订购单就像雪片一般飞来。

其实，这位年轻人所出售的商品，只有60%的进货价格是1美元，而大部分的进货价格都要超过1美元。换句话说，他订单越多，卖得越多，也就赔得越多。可这个年轻人并不是傻瓜，他给顾客邮寄商品时，附带寄去20种价格100美元的商品目录和图解说明，还有一张空白汇款单。

就这样虽然卖1美元的商品亏损，但是他是以小金额的商品亏损买到了顾客的"安全感"，强化了信用，顾客会因为信任他而向他买较昂贵的东西。昂贵的、高利润的商品不仅可以弥补1美元的亏损，而且让他赚得盆满钵满。就这样，他的生意就像滚雪球一样越做越大，一年之后，他成立了公司。3年后，他雇用50多个员工，销售额高达5000万美元。当时他不过是一个29岁的小伙子。

上面这则事例中，我们知道吃亏有时也是商人必学的生意经。这位年轻人的成功是"小钱不去，大钱不来"的最好注释。

生姜不老不辣，生意不活不发

如今的市场竞争日益激烈，如何才能做到多销售商品，多赚钱就成了商人不得不考虑的问题。许多企业和商家费尽脑筋想赚钱的门路，可商机还是不那么容易把握。其实做生意要把脑筋用在点上，还要学会灵活变通。

有道是"天上不会掉馅饼"，经济效益需要成功的产品和市场占有率来创造和换取，而市场又不是一成不变的，只有做到"别人想不到我却做得到"，不失时机且源源不断地拿出与众不同的技术和产品，才能使"潜在市场"变成"现实市场"。

如何做好生意，是一门比较复杂的学问。生意场上前辈们都"仁者见仁，智者见智"，各有各的方法。比较重要的一点就是要灵活，要"活"不要"死"，只有灵活把握市场走向，及时调整产品线和销售策略，你的生意才会越做越活，越活越好。

做生意会遇到各种各样的问题，断货就是其中一个问题。比如开面店的，有顾客要买10斤面条，而你只有8斤怎么办？如果你跟他说，"没有了，只剩8斤了"，也许他就会去别的店买了。可是如果你换一种方式说，"现在只有8斤，先拿去吃，吃完再来买会更新鲜"。这样一般人就会接受了。

还有一种情况，就是当遇到顾客要大量商品的时候。而你的店又存货不多。比如一位顾客说要买300瓶红葡萄酒，而你店里实际存货只有50瓶。如果你说，"很抱歉，我们存货只有50瓶，你要不要？"他多半不会要，因为从他买酒的数量上可以推断，他是要有大用途的，数量少的情况下是不会要的。可是你换一种说法，比如说，"货是有的，不过在仓库。如果您急用，我现在就去仓库拿；如果不急用，下午我帮你送过去。"如果对方急用，你可以以去仓库取货的名义，跑到附近的批发部去拿给他。这样，你就成功做成这笔买卖了。

遇到讨价还价的顾客也要灵活。有些买东西比较多的顾客，难免要跟你讨价还价一番。当顾客要求你少算些钱的时候，你不一定就要答应他，而是可以微笑地告诉他，"本店东西已经很薄利了，价格上实在不能再少了，看你买那么多，我多送一盒给你好了"，这样顾客也会觉得划算并且感到满足，跟少要钱比起来，你还是比较划算的。

此外，薄利多销也是灵活经营的一种有效手段。当有了多家竞争对手的时候，不妨把利润看得低一些，如此你便会赢得更多的顾客，从而在销售数量上做到赢利。

商场之上，只有灵活交易，才能把生意做活做大，也才能赢得更多的回头客。经营之道，灵活这一原则必不可少。

正如老话所说："生姜不老不辣，生意不活不发。"

工多出巧艺

付出了，必然有所回报的。我们周围一些人，尝试了很多的工作，最终没有一样是干成的。于是就整天自怨自艾，抱怨上天对自己不公。却不想，一个人做事的时候，从不专一，喜欢东一榔头西一棒槌，这样怎么可能成功。成大器者，必然会在一处下苦功夫，认准了的事，埋头苦干，坚持不懈地走下去，最终都会成功的。

人生境界的提升，最需要的是专注。专注于学习，学有所得；执着于事业，业有所成。在人生道路上，专注给人激情、给人定力，让普通走向伟大，让平凡成就卓越。

常言道，"功贵其久，业贵其专"。做一件好事不难，做一时好人不难，难的是一生专注、一生执着。对人亦如此，对一个专注区域开发，深化区域市场价值、坚持品质、品牌发展的房产企业而言更显可贵。

孔子勤学苦读，"韦编三绝"，最终获得高深的智慧，被奉为圣人。汉代学者董仲舒为著书立说，"三年不窥园"，心无旁骛，专心致志，终成一代鸿儒。唐朝大诗人李白观"铁杵磨针"而发愤读书，亦有所成。

把每一件简单的事做好就是不简单，把每一件平凡的事做好就是不平凡。

从1990年，第一家中国麦当劳餐厅在深圳开业起，目前已有670家麦当劳餐厅分布于全国，"M"标志几乎随处可见，员工人数也超过5万。了解麦当劳不妨从三个数字开始：60、30、4。

60秒。顾客从付钱到下单，到拿到食物，这一整套工作流程必须要在60秒内完成，这是麦当劳对每位顾客的承诺；

30分钟。每隔30分钟，麦当劳的保洁工必须要对店内进行一次全面的清扫；

4℃。可乐在4℃时口感最佳，麦当劳就力争做到每一杯递到顾客手中的可乐都要保持在4℃。

60秒、30分钟和4℃，这看似普通的数字，在麦当劳却演绎成了快捷、舒适和美味的代名词。从细微处着手，标准化的操作流程，把每一个细节都做到极致，这就是麦当劳成功的秘诀，他们的"良苦用心"，带来了顾客的口碑，也带来了丰盈的收益。

如果让一个训练有素的员工每天擦桌子六次，他会不折不扣地执行，每天都会坚持擦六次；可是如果让一个没有经过严格训练的人去做，那么他在第一天可能擦六遍，第二天可能擦六遍，但到第三天可能就会降为五遍，第四可能就是四遍，甚至三遍，到后来就不了了之。由此可见，做好一件事简单，把每件简单的事都做好就是不简单。慢工出细活，十年磨一剑。认真做事只是把事情做对，用心做事才能把事情做好。

成功的人和企业大都有自己的绝招，所谓绝招，就是用细节的功夫堆砌出来的，简单的招式练到极致就是绝招。正所谓小事成就大事，细节成就完美。管理学上说，细节决定成败。细节是一种创造,细节也是一种功力。细节表现修养,细节体现艺术,细节隐藏机会,细节凝结效率,细节产生效益。

有的人囫囵吞枣,只学到皮毛便自以为是,这种浅尝辄止的行为,结果只会适得其反。商场如战场,想要创造财富,就要多花些工夫,好好磨炼出一身真功夫——专注、执着、注重细节。俗话说,磨刀不误砍柴工。刀磨得越锋利,砍柴的效率自然就会越高。不经过一番努力,就想有所成就,无疑是建造空中楼阁的妄想。

《百喻经》中讲述这样一个故事:在很久以前,有一位财主到朋友家做客。他看到朋友的新屋,宽敞明亮,高大壮丽,心里非常羡慕。于是,他找来工匠说:"你们照着样子给我盖,记住要三层楼,要和那幢一模一样。"

工匠们答应了,便开始画图、备料、挖地基。财主来到工地,东瞅瞅,西瞧瞧,看到工匠忙忙碌碌,十分纳闷,便问正在打地基的工匠:"你们这是在干什么?"

"我们照您吩咐在建造楼房啊。"工匠答道。

"不对,不对。我只要最上面的那层,下面的我不要,快拆掉。只造最上面的那层。"

工匠们听后哈哈大笑,说:"只要最上面那层,我们不会造,你自己造吧!"

工匠们走了，傻财主望着房基发愣。他不知道，只要最上面一层，不要下面两层，那是再高明的工匠也造不出来的。

分析世界500强企业的成功之路，会发现500强的管理和经营细致入微，精益求精。精细的管理和营销孕育出尽善尽美的产品和服务——这是企业做大做强的真谛。空中楼阁犹如无源之水，无本之木。吸收他人的成功经验，就是"站在巨人的肩膀上"。站在巨人肩上，我们会看得更远，走得更远。

有多大本钱，做多大生意

商界，最忌讳的是好大喜功，不切实际。做买卖，要看成本，所谓"有多大本钱，做多大生意"，切莫不顾及自己的经济能力，幻想小成本做成大买卖，这样是很危险的。做生意就得需要资金周转，一笔买卖成功了，回收了资金的同时也赚取了利润，接着商人再把这笔增额的资金投入下一笔买卖当中，再赚取利润，回收成本。就这样，在一笔接着一笔的资金周转当中，商人成长壮大起来，成就了事业。

但是，如果一个商人不顾资金周转的问题，把自己很有限的成本投到自己根本无法驾驭的大生意当中去，那么自己短期内是不可能实现回收的，那么生意何以持续下去？我们经常会看到，一些没建好的大楼在路边空置着。你问知情人，他们就会告诉你，这是开发商建楼的时候，没钱了，只好停下来了，最终这么闲着了。我们做买卖，一定要量力而行，切不可贪大喜功。

在20世纪90年代的中国商业史上，郑州亚细亚商场是不可或缺的一页。

当时，郑州亚细亚商场在中央电视台的广告红遍大江南北，"中原之行哪里去——郑州亚细亚"，这个广告唤起了无数人的向往。没有去过郑州的人都想见识一下亚细亚商场那清新典雅的购物大厅及秀美热情的迎宾小姐，甚至有的小学生把"到亚细亚当营业员"当作长大后的理想。

1989年，亚细亚商场开业，之后连续三年上了三个台阶：1990年销售1.8亿元，1991年2.3亿元，1992年突破3亿元大关。骄人的业绩，成为"亚细亚"傲世同业的资本，在鲜花和掌声中，他们陶醉了。背负着各界寄予的太多的期望，扩张的"雄心"日益膨胀。"亚细亚"计划：10年内不仅要成为"中国最大的零售商业连锁企业"，而且要赶超日本八佰伴、美国沃尔玛，成为世界最大的零售商业集团之一。

两三千万自有资金、管理人员匮乏、准备时间短，扩张计划在这样的背景全面展开了：不到半年，在南阳、开封、濮阳、漯河的4家直营店投入筹建；北京、广州、上海、福州、成都、西安等地10家连锁店也相继开业。如此平均每4个月开一家店的速度让同行们瞠目结舌。由于资产所有者不同，河南境内的连锁店以"亚细亚"为名，省外则称作"仟村百货"。每到一地，"亚细亚"都是隆重登场，狂轰滥炸似的广告，盛大的开业仪式，为顾客开辟公交免费线路，还有不惜血本的打折促销。几乎与此同时，"亚细亚"还冲出国门，赴澳大利亚、俄罗斯寻觅商机，试图在海外建点拓业。

"亚细亚"表面的繁华的背后，隐藏着另一方景象：大规模地利用银行贷款，加大运营成本，到了后来，不得不靠职工集资来勉强度日；挤占供货商货款，商企矛盾不断加深；缺乏有经验的管理人员，导致管理混乱，货物丢失、配送跟不上、营业额直线下滑。总而言之，盲目扩张大大地超出了企业实际能力。

不久，银行贷款、厂家货款、担保款项，林林总总，计达几亿，"亚细亚"被压得喘不过气。谈业务，遭遇的是"亚细亚免谈"；去贷款，银行拒之门外；商标之争等各类诉讼不断。风光一时的连锁店纷纷倒闭、关门，"亚细亚"被迫又收缩回到郑州，并且一蹶不振，2008年，位于郑州市二七广场的亚细亚大厦拆除，一段商业神话就此终结。

常言：吃不穷，穿不穷，算计不到要受穷。一个家庭尚且如此，何况一个企业。

当"亚细亚"蹒跚学步的时候,沃尔玛公司已经是世界上最大的连锁零售企业。

山姆·沃尔顿创立沃尔玛时,同样面临"亚细亚"一样的抉择:是扎根小城镇,以"农村包围城市";还是在"身单力薄"的情况下,直接与凯玛特、吉布森等"巨无霸"在大城市里"短兵相接"。然而,他选择了另一条路。

山姆·沃尔顿,1918年出生在金菲舍镇,父亲干过银行职员,母亲一个普通的劳动妇女,家境不是很富裕。二战结束后,退役的山姆回到故乡,他向岳父借了2万美元,和妻子海伦在镇上开了一家小店。

"如果我用单价80美分买进东西,以1美元的价格出售,其销量是以1.2美元出售的三倍!单从一件商品上看,我少赚了一半的钱,但我卖出了三倍的商品,总利润实际上大多了。"山姆的独辟蹊径的经营手法造就了日后的零售商业帝国,"天天平价,薄利多销"也成了沃尔玛秉承至今的传统之一。

山姆的小店生意一天天好转,利润也逐渐增多,朋友们都建议他到附近的几个大一些的城镇开连锁店,扩大影响,打造声势。听完朋友的建议,山姆摇了摇头,他觉得凡事要量力而行,自己资金少,必须稳扎稳打,要开一家成功一家;而且一些颇具规模的公司,只盯着大城市,认为小城镇利润低,不值得投资。

市场的空白恰好让山姆有了施展的空间。于是，他没有听从朋友的劝告去开新连锁店，而是把精力放在降低成本上，他带领员工自己动手改造租来的旧厂房，研究降低存货的方法，尽一切所能降低费用，为实行真正的折价销售奠定基础。

1950年山姆·沃尔顿开设了第一家特价商店。

1962年沃尔顿"WalMart"在阿肯色州拉杰斯市开业。

1972年沃尔玛公司在纽约上市股票。

1979年沃尔玛总销售额首次突破10亿美元。

1985年美国著名财经杂志《福布斯》把沃尔顿列为全美首富。

如今，沃尔玛在全球15个国家开设了超过8000家商场，下设53个品牌，员工总数210多万人，每周光临沃尔玛的顾客2亿人次。而且，这段商业神话还在继续。

俗话说，有多大本钱做多大买卖。对于创业者而言，量力而行尤为重要。大的投入能带来大的收益，但是，相比之下大投入所带来的风险也相应大。我们应该在发展的同时，绷紧风险这根弦。既要善于审时度势，不放弃机会，又要时刻将风险控制在自己所能掌控的范围内，也就成了成功的关键。饭要一口一口地吃，事要一件一件地做。好高骛远，过于急功近利，盲目贪大求全，往往事与愿违，容易陷入困顿的泥潭。

吃一堑，长一智

人生不是一盘棋，不至于因为走错一步而痛失全局；人生更像足球赛，即使最强的球队也有失手的时候，即使最差的球队也有扬眉吐气的一天。

人的一生就是这样，充满着成功与失败、顺境和逆境、幸福与不幸。挫折是一个人迈向成功需要面对的一个基本课题。

俗话说："吃一堑，长一智。"一面回视过去，吸取教训；一面展望未来，充满希望。勇敢面对挫折，在挫折中增长人生智慧。绝处尚有逢生的机会，风雨过后就是灿烂的彩虹。没有迈不过去的坎儿，只有过不去的人。在那里跌倒就应该在那里站起来。

在美国，有一个渔夫的儿子，叫作麦西，15岁出海跑船，后来厌倦了海上的生活，带着500美金的积蓄，独自来到波士顿，开了一家买针线和纽扣的小店。由于这些东西利润薄、销量也小，小店没开多久就被迫关门。等把货物全部顶出去，本钱也损失了一大半。这是麦西生意上的第一次失败。

尽管是失败，但麦西很乐观："至少我明白了一个教训，做日用品生意，一定要卖热门货。"

没多久，麦西积攒了些钱，又开了一家布店。这次开店，麦西自认为已经驾轻就熟了，该万无一失了吧，结果，他错了。

布店生意以妇女为对象，她们一般是喜欢光顾老店，因为跟店里的人熟悉了，有安全感，用不着担心受骗。而麦西不仅是外乡人，又是新开的店，而且货色不全，所以光顾者很少。生意清淡，货物卖不出去，资金周转不开；没有钱进新货，没有钱做广告，顾客自然更少。如此恶性循环，小布店不得不关门。这是麦西第二次失败。

生意失败的麦西来到旧金山，几番思量，麦西再次重操旧业。这次，他吸取了前两次的教训。当时有一种淘金用的平底锅很畅销，麦西就以低于别人一成的价格出售，并告诉买锅的人，请他们转告其他的人来买他的锅。这种廉价多销的创意，让麦西赚了一笔钱。

一年后，麦西带着赚到的钱盘回了当年兑出去的布店。这次，麦西是有备而来，推出了一系列的销售策略：第一，每天都在当地的各种报刊轮流刊登广告；第二，每个季节都会挑出几样热门货，低价促销，让每位顾客都能买到真正的便宜货；第三，增加货品种类，除了经营布，同时还销售肥皂、拖把、衣服、袜子之类的日用品；第四，明码标价，这算是麦西最成功的创意。一来省去讨价还价的麻烦，二来也消除消费者怕上当的心理。不管什么商品，顾客认为价格合适货色满意了就买，毫不勉强。

可是，出人意料的是，麦西的廉价商店还是倒闭了。而且这次垮得很惨，几乎把老本全部赔光。当他陷入绝望的时候，他的大舅子荷顿找到他，并主动提出与他合作，表示愿意出资入股。麦西百思不解时，荷顿说："你这次失败原因在于这地方太小，水浅养不住大鱼。但你学会了经营，这比什么都重要。"

就这样，麦西再次开始创业，这次他决定到美国最大城市纽约开创自己的事业。到了纽约之后，麦西如鱼得水。起初，他在十四街买下一个店面，开设了他的第一家百货店。10年之后，麦西百货公司的规模几乎占了半条街。在这10年当中，麦西在百货业界所向披靡，处处领先，经营的货品从吃的、穿的到用的，几乎无所不包。很多人想超越他，最终也只能望其项背。

这就是"吃一堑，长一智"的麦西。麦西成功了，几经挫折、沉浮，最终取得巨大的成功。

仅就麦西的才能而言，他对经营企业并没有多少天才，但他能接受失败的教训，终于成为美国百货业创始人之一。

跌倒，爬起，再跌倒，再爬起。这是麦西百货商场经久不衰的秘诀所在。而这一宝贵财富却来之不易，是麦西一生积累的结果。

智慧的增长，不但可以从成功的经验，也可以从失败的教训里来，它们的价值都是绝对的。成功太容易让人得意忘形，而失败却总是刻骨铭心。

面对挫折和失败,应该保持乐观积极的心态;积极向上的心态,能让人头脑清醒;只有头脑清醒,才能找出问题症结;发现问题的症结,才会有解决问题的办法。

挫折和失败像一块磨刀石,磨刀石能让刀剑锋利,挫折能帮助人们提升发现问题、解决问题的能力。

失败是学习的机会。失败一次就有了一次经验和教训,就有了处理相似问题的能力。如果不能从一次又一次的失败中总结出可以指导下一次实践的经验,同样的错误,还会照样再犯,也就根本谈不上什么成功。

戴高乐曾经说过:"困难,特别吸引坚强的人,因为他只有在拥抱困难时,才会真正认识自己。困难越多,危险越大,我们通过战胜困难和危险获得的成功也就越大。""锲而舍之,朽木不折,锲而不舍,金石可镂。"人生有成败,恰如硬币有两面,正面是成功,反面是失败。苦难和挫折能培养我们坚忍不拔的意志。

我们渴望成功,但是没有人能保证硬币落下来的时刻都是正面,因此,遭遇失败,要懂得成功不远;获得成功,要记住失败在旁边。

不要羡慕别人的成功,更不要鄙夷别人的失败。而是应该学会分析和总结现象背后的本质，找出别人失败或者成功的全部原因。取其长，补其短，做你自己该做的事情。

生意不怕折，只怕歇

做生意一时失败是常有的事，我们不能因此气馁，从此一蹶不振。我们做生意不怕折，只怕歇。商场如战场，在生意场中一时的失败，也不一定是坏事，我们从中吸取教训，他日东山再起，就不会再犯类似的错误。好的商人都是一路摸爬滚打走出来的。如果一个商人只因为一时的折本，就歇业了，那么他永远成不了大事。

温斯顿·丘吉尔，被称作有史以来最伟大的英国人。他小学六年级曾经留级，而且，他前半生充满了失败和挫折，直到62岁他当上英国首相，才以"老人"的姿态开始一番作为。

亨利·福特，福特汽车公司的创始人，世界上第一位使用流水线大批量生产汽车的人，唯一上榜"影响人类历史进程的100名人排行榜"的企业家。他创新的生产方式使汽车成为一种大众产品。在成功之前，亨利·福特先后破产过五次。

迈克尔·福布斯，世界上最成功的商业刊物、拥有近百年历史的《福布斯》杂志的总编辑，在普林斯顿大学读书时，却无缘

老人言

成为一名校刊编辑。

爱迪生一生拥有2000余项发明和1093项专利，从留声机、电影摄影机，到钨丝灯泡，至今，我们的生活中还能随处看到爱迪生发明的影子。在这些成功的背后，他也有常人难以想象的付出：试验了2000多次，才发明灯泡；花了整整十年研制蓄电池……当记者让他谈谈失败时候的沮丧和感想。他的回答是，我从来没失败过，我不过是验证了发明灯泡的2000个步骤。

很多人都在寻找成功的捷径和致富的秘诀。其实道理很简单：坚持，坚持，再坚持。所谓的成功，不仅是你比别人多一份勤奋，也是你比别人更多一份耐心和毅力。失败的人不要气馁，成功的人也不要骄傲。成功和失败都不是最终的结果，它只是人生的一种经历。这个世界上不会有一直成功的人，也没有永远失败的人。成功者要比别人多一颗坚强的心，换个角度看待挫折，结论就会不同。

有位名叫诺曼·伍德的美国收藏家，一次失败的经历却让他另辟蹊径，柳暗花明。

有一次他花了大价钱收了一副名画，可回家仔细一看，才知是张赝品，当时他已经小有名气，这次"打眼"不仅让他声望受损，而且为了这幅所谓的名画花掉了他很大一部分积蓄，为此他十分懊恼。

诺曼·伍德转念一想,当时很多收藏家都在花巨资收购一些名家名作,名画市场价格也一路攀升,与其搅入激烈的拼杀,不如反其道行之,把那些知名画家的"失败作品"和那些无名画家的作品以低价位收购,或许有利可图。于是,他做起了收购"劣质画"的生意。当时,用5美元或者10美元就可以买一幅这样的作品。许多画家听说以后,觉得废品也能变现,就纷纷把自己曾经的"失败作品"卖给他或者送给他。没过多久,他便收藏了200余幅名家"劣质"绘画作品。

几年后,诺曼·伍德在报纸上刊出一个广告,声称要举办首届"劣画大赛",目的是让更多的喜欢绘画的年轻人从这些名家的手迹中学到东西,从而发现好画与劣画的真正差别。出乎意料,这个画展举办得非常成功。所展出的作品也为人们所津津乐道,争先恐后地观看,有的甚至不远千里从美国各地奔赴画展来观看展览。诺曼·伍德一下子声名鹊起,而且还赚到了一大笔收入。

我们不但能从成功中获取经验,也可以能从失败吸取教训。

树高千尺,因为无数次经受住狂风暴雨的洗礼;船行万里,因为一次次经受得住惊涛骇浪的撞击;一个人能成就一番功业,完全因为他能承受住无数次大大小小的失败和挫折的打击。

有位青年从小家境贫寒,只受过4年小学教育,父亲生意失败后，他不得不四处打工谋生。有一次，他到一家大电器公司求职，公司的人事主管看到他矮小瘦弱而且穿着又破又脏，便委婉地说："我们现在暂时不缺人，你一个月以后再来看看吧。"

本是推托之辞，可一个月后他真的来了，主管找了个借口："你衣着太脏了，不够资格进入我们企业。"

于是，他借钱买了一身整齐的衣服穿上又来了，负责人还是苦笑地摇了摇头："你对电器方面几乎一窍不通，我们还是不能要你。"

不料两个月后，他再次出现在人事主管面前，非常自信地说："我已经学会了不少有关电器方面的知识，您看我哪方面还有差距，我可以一项项弥补。"人事主管被他的耐心和韧性打动，他终于如愿以偿地进入那家公司工作。

多年之后，这位青年创立了一家电器公司。有一次，公司招聘10名推销人员，考试分为笔试和面试。经过筛选，数百名候选人只留下10名优胜者。他亲自过目了一下这些人选者名单，令他意外的是，面试时给他留下深刻印象的年轻人并不在其中。于是，马上吩咐下属去复查考试分数。

经过复查发现这位年轻人的成绩相当不错，在几百人中名列第二。由于计算机出了毛病，把分数和名称排错了，才使得他落选。已是公司总裁的青年听了，立即让下属尽快给年轻人发录取通知书。

第二天，负责办理这件事情的下属带来了一个令人吃惊的消息：由于没有接到公司的录取通知书，年轻人跳楼自杀了。这位下属说："太可惜了，这位有才华的年轻人，我们没有录取他。"

这位成功人士听了，想了想却摇头，非常坚定地说："不！幸亏我们没有录用他，意志如此不坚强、心灵如此脆弱的人，干不成大事。面对变幻莫测的市场，每个人都要经受比考试落选更大的失败和挑战，如果在失败的之后，一死了之，这样的人谁敢依靠？"

海明威在《老人与海》中写道："英雄可以毁灭，但不能被击败，英雄的肉体可以被毁灭，但精神和斗志不能被击败。"

战场上，即使在被击败那一刻起，也要做好抵抗下一波攻击的准备，要给自己信念：我们没有彻底输，只是暂时没有赢。成功的人需要一颗坚强的心。

好物不贱，贱物不好

"好物不贱，贱物不好"，即"便宜没好货，好货不便宜"，这是千百年来人们辨别东西好坏时常说的一句话。人们习惯以价钱的高低和贵贱来裁决一个东西的优劣，普遍认为凡是价钱昂贵的就是好的，凡是价钱便宜的便是坏的。这句话不无道理。

从经济学的角度看，价格是价值的货币表现。价格是一种从属于价值并由价值决定的货币价值形式。换句话说，商品价格的高低是由商品的价值说的算。在其他条件不变的情况下，商品的价值量越大，价格越高；商品的价值量越小，价格越低。简单地说，好的东西，由于成本高，商家要想挣钱，势必要提高售价；而不好的东西，成本相对要低，商品的价格自然也会相对低廉。

"德国制造"一直在世界享有很高的声誉，在专业人士的眼中，"德国制造"几乎成了"精密"、"极致"的代名词，这与德国人严谨的做事风格密切相关。

尽管，你可能从超市的货架上找不到来自德国商品；但是，你是否能想到，那些琳琅满目、来自世界各地的各种商品很多都是用德国机器生产出来的？

如果说，日本人精明在于精打细算，那么，德国人的精明则在于独一无二。在德国，中小企业众多，甚至十多人的家庭作坊比比皆是。麻雀虽小，却怀有大鹏一样远大志向。它们大都在某一个行业中浸淫数十年、上百年，通过积累和沉淀，在某一个领域做到极致。哪怕一颗小小螺丝，也力求尽善尽美，做得非常精致，价格自然也就非常昂贵。

早在20世纪五六十年代，当日本人的汽车、照相机和家用电器方面的竞争力与日俱增的时候,德国人将生产重点转到了对人员、技术和投资要求更高的大型工业设备、精密机床和高级光学仪器等产品上。

做事严谨的德国人认为,既然一台精密机床能抵得上几万台彩电,一台光学仪器抵得上几万架照相机,何必要在彩电和照相机方面同日本人争一日之长短?目前,德国在大型工业设备、精炼化工产品、精密机床和高级光学仪器等方面拥有无可争辩的优势。

进入20世纪90年代以来,随着市场竞争的日趋激烈,不少德国中小企业开始从自身实际出发,不再一味攀比高精尖,而是密切关注市场需求的变化,瞄准市场空隙,不断推陈出新,生产特色产品,创造新的市场需求。如基米营公司生产的无水洗车巾,占据欧盟市场份额的90%,美国市场份额的100%。阿诺德和里希德公司生产的35毫米电影摄像机,占世界市场份额的70%。而只有10名员工的卡尔·耶格尔公司生产的香柱、香棒,占世界市场份额的85%。

因此,在德国企业,发展一般性产品不是他们研制方面,要搞就搞世界领先水平、高难度的、别人一时无法研制出来的产品。

万宝龙是位于德国的一家精品钢笔、手表与配件的制造商,

老人言

靠生产钢笔起家。一支钢笔，一个再普通不过的书写工具，在德国人工匠的手下，被打磨成古典与经典结合的艺术品，折射出"放缓脚步，尽享生命"人生的哲学。谁能想到，德国人精细到根据笔尖粗细，由细到粗分为"F、M、OM、OB、OBB、B、BB"七个等级。书写英文时，最好选 M 或 B 型的笔，签名时则选笔画较粗的 OB 或 OBB 比较合适，而 S（special）笔尖是专门为"左撇子"量身定做。

德国人生产的万宝龙钢笔，以制造经典书写工具驰名于世，万宝龙的名号代表着书写的艺术。

可以说"德国制造"是精品中的精品，但是，它们的价格也非常高昂。德国人印证了"好物不贱"。

"好物不贱，贱物不好"，古今中外，莫不如此。

成功创业篇

第一章
利害得失：智者千虑必有一失，愚者千虑必有一得
—— 锁住目标，有的放矢

驽马恋栈豆

人的一生是需要不停前进的，俗话说得好，"人往高处走，水往低处流"。人应该确定一个目标，然后就努力向着这个目标不停地前进，而不是像一匹驽马一样，每天只贪恋着草栈里的豆料，享受安逸的生活，终日吃了睡睡了吃，低头做工，闷头傻吃，不想做那驰骋千里的千里马。

只有那些不贪图安逸的人，才能体会到生命的价值。一个人浸泡在安逸的蜜水中，每天被享乐的气氛包围，久而久之，快乐便是一种无聊，甘甜就会成为一种奢靡。这样的人每天浑浑噩噩的，终有一天，安逸会埋葬他们腐朽的灵魂。而当一个人有了

老人言

搏击云天的勇气,有了挑战困难的豪情,他便会信心百倍,积极进取。也只有这样,他才能感受到人生的意义之所在。总之一句话,人生不是要贪图享乐,而是应该追求卓越。

战国时候,齐国有位国君叫齐宣王。他喜爱音乐,特别喜欢听竽乐合奏。吹竽的乐队越大,他听得越起劲儿。有个南郭先生,他既没有学问,又不会劳动,专靠吹牛拍马混饭吃。他每天想的就是怎么样骗吃骗喝,怎么样才可以得一些小恩小惠。他听到齐宣王要组织大乐队的消息,就托人向齐宣王介绍,说自己是吹竽的高手。齐宣王很高兴,就请他加入了竽乐队。合奏的时候,他坐在三百人组成的乐队里,腮帮子一鼓一瘪,上半身前俯后仰,好像吹得十分卖力,其实,他的竽一点声儿也没出。但是,每天他都和其他乐师一样,拿高薪、吃美餐,一混就是好几年。

后来,齐宣王死了,齐湣王当了国君。齐湣王也喜欢听音乐,但是,他不爱听合奏。他让乐师挨个儿独奏给他听。这一来,南郭先生混不下去了,就悄悄地卷起铺盖溜了。

南郭先生一心只想贪图安逸,从来没有一个远大的志向,每天都在混日子,为了那高薪、美餐而不思进取,终日混在众人间,最终讨了一个没趣。假若南郭先生借助这个机会,主动跟那些乐队里的大师讨教一番,多学习学习,或许南郭先生还真能成为一名吹竽的高手,只可惜他只贪恋着金钱、美食,整日不思进取，最终得了一个自讨没趣下场。

安逸，很容易使人不思进取，使人平庸和沉沦。成于压力，居安思危者存；败于安逸，养尊处优者亡。面对安逸，不应贪图，不应陶醉，而要记住"生于忧患，死于安乐"。

三国时期，魏蜀吴各据一方，征战不休，刘备依靠诸葛亮、关羽、张飞等一批能干的文臣武将打下了江山，他死后将王位传给了儿子刘禅。临终前，刘备嘱咐诸葛亮辅佐刘禅治理蜀国。但是刘禅是一位非常无能的君主，什么也不懂，什么也不做，整天就知道吃喝玩乐，将政事全都交给诸葛亮去处理。诸葛亮在世的时候，为了蜀国呕心沥血，使蜀国维持着与吴、魏鼎立的地位；诸葛亮去世后，由姜维辅佐刘禅，蜀国的国力则迅速走起了下坡路。

一次，魏国大军侵入蜀国，一路势如破竹。姜维抵挡不住，最后失败。刘禅惊慌不已，一点继续战斗的信心和勇气都没有，为了保命，他竟然赤着上身反绑双臂，叫人捧着玉玺，出宫投降，归顺了魏国，一大批蜀国的臣子也随他做了魏国的俘虏。

投降以后，魏王把刘禅他们接到魏国的京都去居住，还是让他和以前一样的养尊处优，为了笼络他的人心，还封他为安乐公。

司马昭虽然知道刘禅昏庸无能，但对他还是有点怀疑，怕他表面上是装成很顺从的样子，暗地里却存着东山再起的野心，于是便有意要试一试他。有一次，他请刘禅来喝酒，席间，专门为刘禅表演蜀地乐舞。跟随刘禅的蜀国人看了都触景生情，难过得直掉眼泪。司马昭看看刘禅，见他正咧着嘴看得高兴，就故意问他："你想不想故乡呢？"刘禅随口便说："这里很快乐，我并不想念蜀国。"

散席后，刘禅的近臣教他说："下次司马昭再这样问，主公应该痛哭流涕地说'蜀地是我的家乡，我没有一天不想念那里'，这样也许会感动司马昭，他就会放我们回去了。"

果然不久，司马昭又问到这个问题，刘禅就装着悲痛的样子，照这话说了一遍，但他又挤不出眼泪来，只好闭着眼睛。司马昭忍住笑问他："这话是人家教你的吧？"刘禅睁开眼睛，吃惊地说："是呀，正是人家教我的，你是怎么知道的？"司马昭明白刘禅确实是个胸无大志的人，就不再防备他了。

刘禅身为一国之主，居然乐不思蜀，甚至连装着想念故乡都装不出来，贪图享乐而志向沦丧竟到了这种地步，实在可气可叹。

我们在任何情况下，都不应该放弃自己的理想，而要严格要求自己，志存高远，不懈地奋斗，朝着自己的理想努力奋斗，而不是贪图安逸，贪图享乐。没有目标的人生是十分可悲的，而我们应该努力让我们的人生不可悲。

一棵小草表面看起来弱不禁风，一颗柔弱的小植物能有多大的力量呢，但是就是这么一个小小的生命就可以顶起一块大石，给自己创造一片更好的天空。诚然，在石块下它也可以很舒服地生长，无非就是长不高、长不大。但是小草没有选择这种生活，没有接受这种命运。它不会贪图一时的安逸，它放弃了石块给它的遮风挡雨的恩惠，而是选择更大的天空，因而它努力地把石块推开，更骄傲地面对更广阔的天空。

只有不贪图安逸，才能获得永恒。古罗马帝国强盛了二百余年，却因统治者沉于安逸，骄奢淫逸而毁于一旦。这不正是贪图安逸的恶果吗？小到修身、治家，大到平天下，无不要居安思危，戒奢以俭。只有这样，才不会重奏陈后主的亡国之音；只有这样，才不会重演清末受尽凌辱的悲剧；也只有这样，历史才会散发出永恒灿烂的光辉。

给自己一个远大的目标，然后朝着这个目标奋斗，不要去做一匹驽马，让草栈里的一点点豆料羁绊住你内心的渴望。

和气生财，怄气损财

俗话说得好："和气生财，怄气损财。"一个人总是与人怄气到最后受到伤害和损失的往往是自己。如果人人都为了自己的利益而不去考虑别人，甚至去算计别人，结果往往就会是两败俱伤。人只有和和气气，互帮互助才会让彼此都朝着好的方向前行。

中国的文化传统主张以和为贵，宽容大度，而在做生意时尤其讲究和气生财。如果没有宽容大度的胸襟，只会和顾客怄气，生意就不可能做得下去。做生意讲究的是"和气生财"，只有心平气和、细心周到才能赢得买家的心。

"和气生财"可以说是一句最古老的生意经了。把待人和气用于经商中，不仅会受到顾客的欢迎，改善企业与顾客的关系，提高企业信誉，而且还可以促进成交，扩大销售，增加赢利。从这个角度来说，和气生财是一种不显山不露水的生意经。在生意场上，并不是要打打杀杀，置对方于死地才会让自己更好的发展；相反地，优秀的企业从来都非常重视与伙伴甚至是对手的合作、沟通和交流。做生意和气生财，得理让三分，宽容些换来的就是好名声和好财运。和气生财就是吃些亏，换来的就会是更大的利益。一味怄气生意是无法做下去的，更别说换取更大的利益了。

在日常生活中，我们常常可以注意到这样的情景：同样的商品，有的商家因待客和气，光顾者便络绎不绝，生意十分兴隆；有的商家因待客态度冷淡，结果门前冷清、顾客稀少，生意非常萧条。有些顾客宁可走远路到服务态度好的商家或优秀服务员跟前去买东西，而不愿就近到服务态度不好的商家那买东西，由此可见对顾客的态度对商家来说是至关重要的。

有一次，几位从外地到广州出差的旅客到某饭店用餐。他们一坐下，服务员就亲切地问："你们喜欢吃什么口味的菜呢，还是让我介绍几个给你们？"顾客说："我们带来了罐头，不要菜了，给我们来几碗白米饭就可以了。"服务员很快就端来了白米饭，并还带来了盘子和罐头刀，服务员说道："这罐头需要加热吧？"顾客说："不用了。"服务员又要替顾客开罐头，客人还是说："不用了。"服务员无奈就走了。后来，服务员看见桌子上干巴巴的罐头肉，便又建议客人添个菜汤。客人说："好吧，您真的是太热情了。"客人满意地吃完了这顿饭。临走时，客人对服务员说："您服务得真周到。改天我们会再来的。"果然，这几个客人连续好几天都到这家饭店来用餐，不过，他们再也不带着罐头来只吃白米饭，饭店的营业额因为他们的到来也增加了。

做生意讲究的是"和气生财"，只有心平气和、细心周到才能赢得买家的心。顾客到店里来，就是商家的客人。无论买与不买，营业员都要以礼相待、热情服务，而不能态度冷淡、语言生硬，甚至顶撞顾客。

老人言

在美国的一个市场里，有一个中国妇人的摊位生意特别好，这引起了其他摊贩的嫉妒，于是大家常有意无意的把垃圾扫到她的店门口。然而这个中国妇人只是宽厚地笑笑，从来都不予计较，反而把垃圾清扫到自己家的角落。旁边卖菜的墨西哥妇人观察了她好几天，忍不住问道："大家都把垃圾扫到你这里来，你为什么不生气？"中国妇人笑着说："在我们国家，过年的时候，都会把垃圾往家里扫，垃圾越多就代表会赚很多的钱。现在每天都有人送钱到我这里，我又怎么舍得拒绝呢？你看我的生意不是越来越好吗？"从此以后，那些垃圾就不再出现了。

这个中国妇人对待这件事的态度真的是让人赞叹，她那转坏为喜的宽容美德实在是让人敬佩。她用智慧宽恕了别人，也为自己创造了一个融洽的人际环境。俗话说"和气生财"，她的生意很自然地就会越做越好。如果她不采取这种方式，而是针锋相对，又会怎样呢？结果可想而知。

做人也像做生意一样，交流时切勿语言尖酸刻薄，不给别人留有余地。平时遇事待事时不要总是得理不饶人，要宽容些，大方些，对待别人一定要和和气气的，切勿气急败坏的。和气才能生财，和气才能给自己一个更好的机会，和气才能让自己更好地受到别人的重视。相反的怄气只会带来伤财的结果，只会让情况变得更坏，只能让别人更加的对你避而远之。所以待人接物还是和气一点好，礼多人不怪。千万不要和别人怄气，因为这样只会给你带来更不好的影响。

呼蛇容易遣蛇难

俗话说得好："呼蛇容易遣蛇难。"蛇引过来容易，但要把它赶走就困难了。用以比喻招小人来容易，而要把他打发走就困难了。这就要求我们在平时交友的时候一定要慎重。

一个狐朋狗友很容易地就可以亲近你，讨好你。这种朋友当你有一些小事时会大包大揽，一口答应。而当你最需要他们的时候，或者你落魄的时候，他们便会推辞拖延，甚至反目成仇。这种人平时刻意奉承你、亲近你，给你一种最好的哥们的感觉，其实这种朋友是最不可交的。然而，当你亲近了这种人时，他帮助了你一点时，你再想远离他，躲避他就是十分困难的了。

这种人就是墙头草随风倒，心中只有自己的利益，他可以满嘴的仁义道德，一肚子的男盗女娼。表面对你和和气气，内心里却是暗打小算盘。有一个这样的朋友，你想甩都甩不掉。

有一个农夫，他在寒冷的冬天里看见一条蛇冻僵了，觉得它很可怜，就把它拾了起来，然后小心翼翼地揣进怀里，用暖热的身体温暖着它。那蛇受了暖气后就渐渐地复苏了，不一会就又恢复了生机。可是等到它彻底苏醒过来，便立即恢复了残忍的本性，它用尖利的毒牙狠狠地咬了救命恩人一口，使农夫受到了致命的创伤。农夫临死的时候非常痛悔地说："我可怜这种恶人，不辨明好坏，结果伤害了自己，从而遭到这样的恶报。"

农夫出于好心救下了冻僵的蛇，却被蛇反咬一口，可见小人是多么的可恶，恩将仇报。正所谓呼蛇容易遣蛇难啊！

人脉对于一个人来说是非常重要的，一个人想要成功就一定要有广阔的人脉。然而，这并不就意味着就得去盲目地去交朋友，一个好的朋友就像是沙漠里的甘露，而一个不好的朋友就会是沙漠里的狂风。遇到一个小人，你就会被其缠住进步的双脚，你就会很难摆脱他。

晋国大夫赵简子非常喜爱打猎。有一次他又率领众随从到中山去打猎，在途中遇见了一只狼，这只狼狂叫着挡住了去路。赵简子立即拉弓搭箭，只听得弦响狼嚎，飞箭射穿了狼的前腿。那狼中箭后没有死去，立刻落荒而逃。赵简子非常恼怒，他便驾起猎车穷追不舍。

这时候，东郭先生恰好经过，那狼见到东郭先生便哀怜地对他说："现在我遇难了，求求你赶快把我藏进你的那条口袋吧！如果我能够活命，今后我一定会报答您的救命之恩。"

东郭先生看着赵简子的人马卷起的尘烟越来越近，出于慈悲心理便对狼说:"好吧,那么你就往我口袋里躲一躲吧!"说着他便拿出书简,腾出了口袋,然后往袋中装狼。狼蜷曲起身躯,把头低弯到尾巴上飞快地躲进了东郭先生的口袋里。

东郭先生把装狼的袋子扛到驴背上以后就退缩到路旁去了。不一会儿,赵简子就策马来到东郭先生面前,他向东郭先生打听狼的去向,东郭先生只推脱说没看到。赵简子听了这话,就调转车头走了。当赵简子走远后,东郭先生便把狼从口袋中放了出来。可是狼一出袋子它就张牙舞爪地向东郭先生扑去。东郭先生慌忙躲闪,围着毛驴兜圈子与狼周旋起来。

就在这时,远方走来了一位拄着藜杖的老人,东郭先生急忙请老人主持公道。老人听了事情的经过,叹息地用藜杖敲着狼说:"你不是知道虎狼也讲父子之情吗?为什么还背叛对你有恩德的人呢?"狼狡辩地说:"他用绳子捆绑我的手脚,用诗书压住我的身体,分明是想把我闷死在那不透气的口袋里,我为什么不吃掉这种人呢?"老人说:"你们说得都非常有道理,我一时也难以裁决。俗话说得好'眼见为实'。如果你能让东郭先生再把你往口袋里装一次,我就可以依据他谋害你的事实为你作证,这样你岂不有了吃他的充分理由?"狼于是很高兴地听从了老人的劝说,然而,当狼被再次绑进袋子的时候,老人再也没有把它放出来。

东郭先生救了这只狼一条性命，这只狼表面心存感激，其实心中非常邪恶，不但不知恩图报，反而要吃掉东郭先生。像这只狼一样的人，最好不要去亲近，要避而远之，否则一旦有所瓜葛，甩掉就是非常难的事了。

人是不能脱离了社会而自己生活的，这就决定了每个人都应该去融入社会，而想要在社会立足，就需要朋友的支持，好的朋友会让你更加进步、自信，而不好的朋友会让你变得颓废、不思进取。在与人交往的时候一定要慎重，多长几个心眼儿，千万别招惹上那些小人，因为那些小人一旦招惹上，你想要甩掉就十分困难了。

"呼蛇容易遣蛇难"，交朋友时一定要慎重，不要去结交那些小人，因为一旦结交了这种人，当你想摆脱他的时候，你会发现真的是一件非常难的事情。

剪草除根，萌芽不发

任何事情都可以看作是"一场游戏"，一场游戏过后，总会有胜利的一方，同样也会有失败的一方。游戏结束后，胜者心安理得，败者服服帖帖。对于胜者来说，"打天下坐天下，谁不服就拔刀相见"，用实力来决定一切；而对于败者来说，"十年河东,十年河西"、"君子报仇,十年不晚",总有一天会东山再起,报仇雪恨。那个时候,败者势必"卧薪尝胆"、"厚积薄发";而胜者势必应该"斩草除根"、"除恶务尽"。

斩草一定要除根,如果只是单纯的斩断杂草,那么过一阵子草还是会再次生长出来,并且会越长越旺;再次斩断它,而仍旧没有除掉草根,过一阵子杂草就又会长出,这样下去草永远不会被除尽。而想要拔草除尽,就势必要斩草除根,使其萌芽不发。做人做事也应该如此。对待敌人的仁慈就是对待自己的残忍,在打败敌人时,一定要做到除恶务尽,而不能留下后患。

公元前627年,秦国军队偷袭郑国,但是晋国已经在事先获得了可靠的情报。晋文公的丧事刚办完,晋襄公就跟大臣们商议与秦国交战的事,他们在崤山(地名,现在河南省西部)布置了天罗地网,等候着秦军到来。孟明视等率领的秦军到了崤山就等于钻进了一个大口袋,结果导致秦军全军覆没,尸横遍野,孟明视等三员大将也被活捉了。

晋襄公原来本想把他们杀了,但是因为晋襄公嫡母文嬴,是秦穆公同宗之女,她出面向晋襄公求情,于是襄公就将这三人放走。大将先轸得知这件事后,唾了襄公一口,并大骂"败家子",将来后悔都来不及了。这样做是放虎归山,将来恶虎一定会返回伤人的。晋襄公醒悟过来,擦去脸上的唾沫说:"我错了。"然后

老人言

晋襄公急忙派人去追赶，可是已经来不及了。孟明视等对追赶的人说："承蒙晋君宽恕了我们，我们万分的感激，三年以后，我们一定会再来报答贵国的。"

孟明视等三员大将回到秦国后，秦穆公穿了素服，亲自去城外迎接他们。秦穆公非但没有治他们的罪，反而自责没有听他们父辈的劝告。三人见此，心中十分感激。从此以后，他们更加的认真操练兵马，一心一意要为秦国报仇。这期间，他们率领秦军打了两次仗，又都失败了。然而，秦穆公仍然没有治他们的罪，这就更加激励了他们苦练兵马的决心。

公元前624年夏天，孟明视做好了一切准备，他在秦穆公的全力支持下，再一次向晋国进兵。

大军渡过了黄河，孟明视对将众将士们说："此次出兵，是只有进路没有退路的，我想把船烧了，然后做必死的决心打仗，大家看好不好。"将士们听了孟明视的话一致同意。

战斗很快打响了，秦军憋了两年的闷气和仇恨，在战斗中全都爆发了出来，他们势如破竹。没用几天工夫，秦军不仅收复了丢失的城池，还攻下了晋国的八座大城。晋国全国上下全都慌了，晋襄公下令，只许守城，不许与秦人交战。秦军在晋国的土地前不停地来回挑战，却没有一个晋国人敢出来应战。

最后，有人向秦穆公建议："晋国已经屈服了，主公不如把崤山的尸骨埋了，也可以洗刷以前的耻辱了。"秦穆公听从了这个建议，然后率兵来到崤山，把两年前秦兵的尸骨埋好，祭奠完毕，才带领将士们回国。这次征战，秦穆公征服了西部的小国和西戎的许多部落，周襄王也派人到秦国赏赐他，并同时封他为西方的霸主。自此，秦穆公成了霸主之一，在中国历史上留下了光辉的一笔。

晋襄公的悲剧是令人同情的，而这个悲剧的原因就在于其一时的妇人之仁，放走了秦国的大将孟明视，使得其有机会东山再起，从而为自己留下了祸根。

斩草除根也是一种智慧，妇人之仁的人是很难成就大事业的。一个人如果想要成就大事，霸气和魄力是必不可少的，而这要求在面对有可能成为后患的人时一定不可心慈手软，而应该斩草除根，以绝后患。

公元前206年，陈胜吴广起义后，各地纷纷响应，其中有楚国贵族出身的项梁、项羽叔侄，还有农民出身的刘邦。陈胜失败后，项梁拥立楚怀王的孙子做了楚王，刘邦也投靠了项梁。

公元前207年，项梁战死，怀王派项羽等人前去救援被秦军围困的赵国，同时派刘邦领兵攻打函谷关。临行时，怀王与诸将约定，先入关者，封为关中王。项羽大破秦军后，听说刘邦已出咸阳，非常恼火，就攻破函谷关，直抵新丰鸿门。这时刘邦的左

老人言

司马曹无伤暗中派人告诉项羽说刘邦想在关中称王。项羽听了，非常的恼怒，就决定第二天发兵攻打刘邦。

张良向刘邦分析，不宜和项羽硬拼。于是刘邦只得退出咸阳，回师灞上，刘邦知道自己军力远不及项羽的四十万大军，刘邦便把在咸阳所得一切，原封不动地送到项羽营中，更说愿让项羽称关中王。范增已觉出刘邦必成大器，便命项羽设下"鸿门宴"一心想要诛除刘邦。

此事为项伯知悉，项伯顾念和张良故人之情，就向刘邦大军报讯，刘邦知道这鸿门宴是去不得的凶险之地，但张良却表示不去便只有死路一条，赴会也许能有生机，刘邦无奈只得应约前往。

鸿门宴当日，范增早已布下天罗地网，发誓定要把刘邦人头留下，谁知刘邦竟以一跪化解了项羽之怨恨，范增便再命"项庄舞剑，志在沛公"，一心要在席中把刘邦刺死，可是还是被项伯和樊哙解了围，刘邦终于借口去如厕而逃遁而去。

大难不死的刘邦在军师张良的辅佐下，经过多次战斗，终于在与项羽的战斗中胜出。天下一统，刘邦称王，而楚霸王项羽只落了个乌江自刎的结局。

斩草除根是一种魄力，是成大事的魄力。有大志气的人一定要拥有这样的魄力，对待敌人时一定要斩草除根，避免其萌芽重发，阻止其成为自己接下来道路上的绊脚石。只有这样才会让自己更好的接近目标。

砍一枝，损百枝

马克思主义哲学说：世界万事万物都是有联系的，整个世界就是一个普遍联系的统一整体。这就决定了我们在做事情的时候一定要加以考虑，想想会有什么后果。俗话说："砍一枝，损百枝。"在砍掉一根树枝的时候，我们一定要想到会损坏其他树枝的结果。只有充分考虑后果，我们才会在做一件事情的时候以最小的代价换取最高的回报。

丽丽是一位大二的女学生，由于家境贫寒，家里经济困难，丽丽总是利用寒暑假、周六日的时间去挣钱，以此来缓解家里的经济压力，但是这远远还不能负担自己的学费和生活费，于是丽丽瞄向了学校的奖学金，为了得到学校的奖学金，丽丽暗自发誓一定要好好学习，一定要超过别人。

为了这笔诱人的奖学金，丽丽开始每天起早贪黑地学习，除了打工做兼职外，她几乎所有的时间都扑在了学习上，她学习的努力程度甚至超过了高考时候的劲头。为此同学们都称她为"学习的疯子"。

但是丽丽的英语非常的不好，甚至可以说是糟糕透顶。为此丽丽决定全力去学习英语，她每天起床就去空旷的广场上大声地背诵英语课文，晚上还会做上一套英语试卷。可是过了一个月她觉得自己的英语水平不但没有长进，似乎还有些下降。她非常着急，一想到在家操劳的父母，心里就一阵阵的难过，接着就会非常自责，认为自己对不起辛苦培养自己的父母。一想到这里丽丽便更加努力地学习了。

一转眼期末考试到了，丽丽怀着激动和忐忑的心情进入了考场，她不停地为自己祈祷，期待自己有一个好成绩。

一转眼出成绩的日子到了。她本以为经过无数日日夜夜的努力，成绩一定会很好的，可是事实却并非如此，她努力学习的英语虽然有所进步，却没有得到一个好的分数。而其他的科目的成绩更是出乎她的意料，由于她放弃学习语文的原因，使得她的语文成绩非常糟糕，而因为语文学得不好，使得其他科目的语言表达方面非常差，进而成绩非常低。因为放弃了语文，使得其他的科目也遭了殃。

看到成绩丽丽伤心地哭了，她怎么也不明白自己如此拼命地学习为何却换来了这样的成绩。她又想到了为自己操劳的父母，心中更加痛苦，她觉得非常对不起一直默默支持自己的爸妈，辜负了他们的期望，自己没有脸面再见他们了。越想越痛苦，越想越难受。

姑且不说丽丽的脆弱，单是丽丽学习的方法就让我们感到惋惜。为了学习英语，她不惜放弃学习语文的时间，使得语文成绩受到很大的影响，进而使得其他科目也受到了牵连，最终各科的学习成绩都很不理想。丽丽成绩低的原因是因为她不知道"砍一枝，损百枝"的道理，为了英语成绩的提高，她在其他科目的学习时间大大减少，从而导致了令她非常失望的成绩。

因此，我们做事情一定要考虑好后果，以及做的过程中出现的影响，只有这样才会让我们更好地接近成功。无论公司或者企业甚至是国家都是由许许多多的部分组成的，每一个部分都有它的作用，每一个部分都是整体不可缺少的，如果随便撤销任意一个部分，就会使得其他部分也不能够正常运转，进而使得整体受到影响。

近日在劲爆 NBA 的赛场上诞生了一位华裔篮球天才，他的名字叫林书豪。

林书豪是美籍华人，在美国长大，然后考入了美国的著名学府哈佛大学。虽然哈佛大学在世界久负盛名，但是它却不是一个篮球强校，林书豪就是在这样一个不受篮球界重视的高校开始了自己的篮球梦想。

他在选秀失败后，幸运地受到了金州勇士队的青睐，成为

老人言

NBA赛场上的一员，但是他一直没有机会表现自己。

后来，林书豪先后被交易到了休斯敦火箭队和纽约尼克斯队，在纽约他却征服了世界。

纽约是美国最大的城市之一，因此尼克斯队受到很多人的喜欢。尼克斯队里有很多的篮球天才，其中钱德勒、卡梅隆·安东尼、斯塔德迈尔更是万众瞩目的巨星。然而即使有如此多的优秀队员，球队却战绩非常糟糕。经过了一波漫长的连败，并且当家球星安东尼的受伤，主教练甚至面临着下课的危险。尼克斯队的后卫线实力非常的弱，尼克斯队只得靠当家球星来掌控比赛，这使得球队对于后卫线实力没有迅速地进行提升。球队的连败，主教练无计可施，于是决定起用林书豪。本以为林书豪仅仅会稍微缓解一下球队的压力，谁知道他却让全世界为他疯狂了。

林书豪开始了自己的表演，他把心中压抑了许久的激情完完全全地释放了出来，他不停地刷新纪录，让球迷被他的表现征服。尼克斯队因为他的横空出世开始赢球，林书豪成了无数球迷的新宠。

众所周知，篮球是五个人的运动，需要五个人全都展现自己的能力，各司其职，只有五个人团结一致，默契合作才会让球队去触碰胜利。五个人缺一不可，任何位置都不可或缺，任何一个位置上的队员，如果不能得到重视就会使得其他的位置的球员难以发挥自己的能力，进而影响球队的整体实力。而由于尼克斯队的后卫线弱的原因使得球队连续输球，而当林书豪被委以重任后，球队的后卫实力得到改善，进而使得球队整体运转更加流畅，最终让球队连续赢得胜利。

生活中会有很多需要我们抉择的时候，纵使我们能明白鱼和熊掌不可兼得的道理，我们也不可以不加考虑的舍弃一些事情和事物。一块手表，它的每一个零件都有它的作用，除去任何一个零件这块手表就不能够很好的运行，一个小小的零件的缺失会让与其紧密相连的零件也失去功效，进而使得整块手表失去功效。

做事情的时候一定要考虑事情的各个方面。不要去轻易去做一件事而忽略不管对其他方面的影响。"砍一枝，损百枝"，只有充分评估事情所造成的影响后，再去做事情才会更加顺利，更加的有效。

当断不断，反受其乱

人们常常说："当断不断，反受其乱。"在办事过程中，如果机会来了不好好抓住，轻易错过，反过来就可能使自己受到损失。成大事者应该有一个良好的决断能力，如果遇事畏畏缩缩，犹豫不决，那么就会失去成功的好时机。

就像打仗一样，在双方费尽周折后，双方都在根据对方的行动不停地调整，不停地改变策略。双方都在神经紧绷着，等待着对方的失策，等待着战局优势倒向己方，而一旦获胜的机会来到，就应该毫不犹豫地把握，而不能放之离开。战局瞬息万变，一旦抓住机会就会对战局产生十分关键的影响。而如果机会到来，却犹豫不决，当断不断，最终会错过大好时机，从而导致失败，胜利最终会与之失之交臂。

战国时期，"战国四公子"之一的春申君黄歇，礼贤下士，非常有威望。黄歇身为世家子弟，足智多谋，能文善武，因而深受楚国国君的器重，他曾经担任楚国令尹一职，掌握着楚国的军政大权。

在黄歇掌权期间，他手下有个叫作朱英的门客，劝他及早把另外一个实力派人物李园除掉。朱英认为，李园为人心狠手辣，如果春申君不及早动手的话，就很有可能反被他杀害。然而，春申君认为李园并没有十分明显的劣迹，并且他是楚国王妃的亲戚，因此犹豫不决，迟迟没有接受这个建议。后来，春申君果然被李园派来的刺客杀死。

就是因为春申君没有听从门客的意见，犹豫不决，当断不断，最终得到了一个被刺杀的下场。因此我们做事情时一定要果断，如果遇事犹豫不决，贻误了时机，到头来只会让自己承受恶果。

其实，在中国的历史上，像春申君这样的例子不在少数，三国时期的袁绍也是这样一个典型。

袁绍出身于豪门世家，他聚集了一大批的战将谋士，并且兵强马壮，形成了一个实力强大的集团，且拥有着非常有利的形势。但是袁绍却有一个特别大的毛病，那就是优柔寡断，多谋少决。在观察他对刘备的表现时，就能看出他优柔寡断的致命伤，这最终让他一败涂地。

在白马之战中，当袁绍听说他的手下大将颜良被一位赤脸长须、手持大刀的勇将杀死以后勃然大怒，他的谋士沮授也建议他尽早除去刘备。

于是袁绍指着刘备说道："你的兄弟杀了我手下大将，你是他的主公，自然你们就是一伙的，这件事情你们肯定早有预谋，我留着你还有什么用呢？"接着命令士兵把刘备推出去斩首。

刘备却不慌不忙地说道："天下相貌一样的人有很多，难道只要赤脸长须的人就都是关羽吗？您为什么不去弄清楚呢？"

袁绍听了刘备的话觉得非常有道理，于是立即改变了主意，并反过头来责怪沮授说："我如果误听了你的话，那就杀错好人了。"于是仍然请刘备坐在营帐中,一起商量如何为颜良报仇。

过了一段时间,袁绍的手下郭图、审配又进来向袁绍汇报,说关羽把袁绍的另外一员大将文丑也给杀了,请求袁绍把刘备杀了,而刘备还装作不知道。

一连损失了手下两员猛将,袁绍非常生气,气急败坏地对刘备说:"大耳贼,你竟然敢如此对我?"于是再次喝令手下把刘备推出去砍头。

刘备再次辩解说:"曹操一向忌恨我刘备,现在他知道我在您这里,担心我帮助您对付他,因此就故意派我的兄弟杀了您的两位将军。您知道这件事情以后一定会十分生气,这样势必会杀了我以解心头之恨。这是曹操的借刀杀人之计,目的就是借您的手除掉我,我希望您能够多多考虑一下,以免中了曹操的奸计。"

袁绍听了刘备的话后,又反过来把手下人训斥了一番,说道:"刘备的话非常的有道理,你们这些人差点让我失去了应有的英明,我几乎杀害了贤士,这是多么的昏庸啊。"

袁绍两次想杀刘备,都因为刘备的一番话而放弃了。刘备固然机敏,但袁绍优柔寡断、缺乏主见的性格特点却更为主要的原因。

机遇是捉摸不定的,人们总期望机遇垂青自己。然而机遇是需要我们自己去寻找的。只有自己努力去寻找机遇,机遇才会更加垂青我们。而且当我们遇见机遇时，就一定要积极的采取行动，去努力把握。机会就摆在那儿，我们却前怕狼后怕虎，犹豫不决，以致机会从眼前飞走，这样的事例经常发生在我们身上或身边，这正是由于我们不敢相信自己也能借机遇而一下成功，对自己缺乏足够的信心，所以在机会唾手可得时，也不敢利用机会，让自己成功。

成功者都是善于抓住机遇的人，虽然他们有时难免也会犯错误，但是他们比起那些做事犹豫的人要强很多，而他们取得成功的概率也比优柔寡断的人要大得多。

俗话说："机不可失，失不再来。"面对良机，就应该当机立断，迅速出击，否则不仅机会一旦错过就来不及了，还会受到不必要的损失，所谓"当断不断，反受其乱"，遇见机会的时候就一定要果断抓住，而不可犹豫不决，畏畏缩缩。

在做一件事之前思考一下是应该的，但是如果过于犹豫不决就显得非常不好了。做事时犹豫不决、瞻前顾后，缺乏应有的勇气，当断不断，那么事情就不会很好地被完成了，甚至事情会朝着相反的方向发展。

因而，我们做事时一定要果断，该下决断的时候一定要果断，千万不可拖拖拉拉，瞻前顾后，这样会失去大好的机会，当断不断，最终会反受其乱。

选对行业，成就一生

三百六十行，行行出状元。但其"状元之才"之所以能够浮出水面，为世人称颂，就是因为他选择了适合自己的位置。

有些人做事，从一开始就注定了要失败，不是因为他们能力不够、机会不多，而是因为他们上错了船、进错了门，始终在做着自己并不擅长的工作。

在生活中，这些人出于惰性，或者出于这样那样的担心，明知目前的工作根本不适合自己，明知在目前的环境中绝无发展机会，仍然恋恋不舍。对着一份毫无兴趣的工作，做一天和尚撞一天钟，只求应付了事，其结果，不但荒废了岁月，还彻底消磨了斗志。

一份工作的好坏，以能否发挥特长、能否提升自己为判断依据。每个人的兴趣、才能以及追求目标都不一样，一些人如鱼得水的职业，却能将另一些人"淹死"。所以，最重要的不是适应行业——这只是不得已而为之的做法，最明智的做法是选择适合自己的行业。

鞋子合不合脚，只有脚知道；这个行业是否适合自己，只有自己心里最清楚。对一个有志者来说，不能指望别人给自己一个最适合自己发展的机会，应该根据自身需要和喜好，去寻找适合自己的发展空间。

刘铭从小就渴望成为一名创作型歌手。在学校时,他就很努力地自己作词、编曲,他带着自己组建的乐队在各大高校巡回演出,令他沮丧的是,演出没能引起轰动。毕业前夕,他想卖掉手边的一些CD,于是选出了几位对这方面有兴趣的朋友,分别写信问他们,看谁愿意买。其中一位朋友看了信之后非常愿意购买,于是立刻回信,在这封回函里,这位朋友不断地夸赞他文笔流畅,颇具说服力。因此便建议他,既然能写出这么有魅力的推销信函,为什么不投入广告界从事撰写广告的工作呢?

朋友的这封信,就像一块小石头丢入水中,激起了他心中的阵阵涟漪,"投入广告界立志做个出色的广告人"这个想法点燃了他的激情,一个崭新的天地展现在他眼前……5年过去,他成为当地首屈一指的业界精英,他的广告作品在全省乃至全国都有不小的影响力,不少广告语甚至成为人们的口头流行语……他终于找到了最适合自己的那个位置。

选对行业能够成就一生,这的确是一条颠扑不破的真理,只有在最适合你,你也最有兴趣的地方,才能够发挥出你的全部能量。不管你从前是怎样评估自己的身价的,只要你能稍稍改变一下内心的想法,就能够彻底改变自己的人生。

对你而言,现阶段最重要的不是在你既有的能力上再加入一些新奇的力量，而是如何将你现在所拥有的能力百分之百地运用发挥。

也就是说，人生的第一要务并不是要立刻学得新的本领，而是应先将我们现有的才能发挥到极限。

每个人都有自己特殊的才能，如果你因为技不如人而心生愧疚，那仅仅是因为这个行业更适合他人而不是你。你要做的不是怨天尤人，而是开始发掘身上的闪光点，找到最合适你的那个位置。

不能成为一流科学家的阿西莫夫成了举世闻名的科幻作家，研究工程科学的伦琴最终成为物理学家……他们的成功始于一个人生的抉择——找到最适合自己的位置。那么，你的位置又在哪里呢？

成功者之所以成功，就在于选好了最适合自己的行业，选好了属于自己的位置；失败者为什么失败，只因为他可能一生都在从事自己不擅长的事务，以致天赋全被埋没。

人生总有一个最适合你的位置，它能让你的才能发挥得淋漓尽致。让你置身其中，即使忙忙碌碌也不知疲倦，即使面对千难万险也不会想到退缩。你会为它痴狂，为它心醉，为它倾其一生、死而后已。

人的兴趣、才能、素质是不同的。如果你不了解这一点，没能把自己的所长利用起来，你所从事的行业需要的素质和才能正是你所缺乏的，那么，你将会自我埋没。反之，如果你有自知之明，善于设计自己，选择从事你最擅长的工作，你就会获得成功。

礼下于人，必有所求

俗话说："虚心竹有低头叶，傲骨梅无仰面花。"意思是竹子内心谦逊才向人虚心低头，梅花高傲不屈从不仰面拍马逢迎。生活中也如此，礼下于人时，定是有所求。平时不向你低头的人在向你低头的时候，一定是遇到了问题。

其实在为人处世的时候，一旦遇到问题时，礼下于人，低下头未尝不是一种好的办法。"礼下于人，必有所求"，而当有所求的时候，礼下于人也是一种很高的智慧。

春秋后期，各国诸侯王的地位一落千丈，而卿大夫的势力不断崛起，原来是礼乐征伐自天子出的状况，现在变为卿大夫们横行专权。当时，各国都发生了公室与卿大夫夺权的斗争，鲁国就出现了季孙氏、叔孙氏、孟孙氏瓜分公室的事件。

原来鲁昭公时，鲁国的大权实际是由季孙、叔孙、孟孙三家执掌的，三家中以季孙氏的势力最为强大。因而鲁昭公很不高兴,慢慢地,他与季孙氏的矛盾越来越大。于是鲁昭公就萌生了除掉季孙氏的想法,于是就发兵围攻了季孙意如。季孙意如被围困在高台上,他对昭公说:"贤君也不调查一下我是否有罪,就派兵来攻打我,我希望你能够调查清楚,然后再打我不迟。"鲁昭公说:"你的罪行十分的明显,连小孩子都知道,还用调查吗?"季孙意如没办法,就请求昭公把他囚禁在费城,然而昭公没有同意。最后,他请求昭公同意他坐一辆车子流亡到国外。

昭公听到这就想杀了他,不管他怎么说就是不答应。这时昭公的家臣对昭公说:"您还是答应季孙氏的请求吧。鲁国的政权已经掌握在季孙氏手里多年了,他又非常会笼络人,所以支持他的百姓非常多。我们一时还不能攻下高台,攻下以后也不知会发生什么变故,所以答应他的请求把他驱逐出国是一个不错的办法。"但昭公仍旧不听,接着他就派人去刺杀季孙意如。

叔孙氏得知了消息,非常不安,叔孙的家臣劝叔孙说:"假如昭公消灭了季孙氏,那他也会不久来消灭我们的,我们最好要救助季孙氏。"叔孙氏觉得有道理,于是便发兵攻打鲁昭公的军队。孟孙氏得知后,也派兵围攻鲁昭公。一时三股军队合围了昭公,风云突变,鲁昭公的军队一下就被打散了,尸体满山遍野,血流成河,昭公一看大势已去,便领着几个随从逃往齐国。齐景公听说鲁国内乱,昭公已经逃到了阳州,便准备到阳州去慰问。

鲁昭公听说齐景公要来，便先率人到了野井。

齐景公慰问昭公，这是出于礼节。而昭公先去野井迎接，这是礼先于人。假如想求人帮助，必然先礼下于人，低头致敬，讲究礼貌。齐景公见昭公礼先于已，便对昭公说："你的忧虑就是我的忧虑，我献给你二万五千户人家，一切听从你的安排。"

昭公一听十分高兴，于是不久便派人同齐国订立了盟约。从而为自己东山再起打下了基础。

鲁昭公的低头策略为自己赢得了机会，赢得了帮助，礼下于人并不是真正的示弱，而是避一时的不利，等待更好的机会。

有求于人时，不妨先低头，在很多人心中总会认为是低三下四地去求别人，其实大可不必有这样的想法，因为每个人都有求人办事的时候。求人办事时自己本身就低势于人，同时也只有这样才容易得到别人的认可，得到别人的同情。这种"低势"其实就是为了"欺骗"对方的眼睛，把自己强大、高调的一面隐藏起来，让对方忽视你，同情你，最后就能帮助你，进而让你获得良机。

在人屋檐下，要懂得适时地低头。这是一种处世的柔术，一种权变，更是最高明的生存智慧。

老百姓有一句俗语，叫作"人在屋檐下，不得不低头"，意思是就是说人在权势、机会处处都不如别人或受人限制的时候，就不得不低头退让，年轻人要想有所成就，不妨将此当作为磨炼自己的机会，并借此休养生息，以便让将来东山再起的机会增大，而绝不可一味地消极甚至消沉。只有那些经不起困难和挫折的人，才将一时的逆境看作是事业的尽头、人生的失败，而不去想办法克服眼前的困难，只是一味地怨天尤人、听天由命。

"礼下于人，必有所求"，这句话可以说是洞彻世事人情，相当有智慧。当人有需要的时候往往就会收起平时的强势，摆出一个低姿态，以此来博得同情并最终换取帮助。求人也如此，当你需要帮助时，你不可能摆出一副恃强凌弱的姿态去寻得帮助。想要得到帮助应该礼下于人，放低自己的姿态，这样才会得到别人的认可，别人才会伸出援手，给你尽可能的帮助。

礼下于人的时候，你会明白那是有所求，如果你能够帮助他的话，就尽可能地伸出你的援助之手。而当你有求于人的时候，礼下于人是一个非常好的方法。人在屋檐下，不得不低头，主动放下身段求人后你会发现在不久的时间后，你可以更好地伸直腰板。

大智若愚

庄子说："知其愚者，非大愚也；知其惑者，非大惑也。"人只要知道自己的愚和惑，就不算是真愚真惑。是愚是惑，各人心里明白就足够了。圣贤将"装傻"上升到哲学的高度,其中的深意耐人寻味。

在一个小镇上,有一个傻孩子,人们常常捉弄他。其中最为乐此不疲的一个游戏是挑硬币,他们把一枚五分硬币和一枚一角硬币丢在孩子面前,他每次都会拿走那个五分的。于是大家哈哈大笑,感叹一番"真傻"、"傻得不可救药"。

一个女教师偶然看到了这一幕,心中非常难过,她为那些没有同情心的人感到可悲。她把孩子拉到一边,对他说:"孩子,你难道不知道一角钱要比五分钱多吗?为什么要让人家嘲笑你呢?"

出乎意料的事发生了,孩子双眼闪出灵动的光芒,他笑着说:"当然知道!可是如果我拿了那一角钱,以后就再也拿不到那许多的五分钱了。"

这个孩子正是那种貌似愚钝、内心清明的人,他的傻只是一种伪装,那些肤浅的人们在嘲笑他的同时,却扮演了被算计、被愚弄的角色。谁聪明谁傻,从表面上是看不出的,真正的聪明人往往不是光彩外露的。

在纷繁复杂、变幻莫测的世界上,那些智者不得不故意装憨卖傻,以一副糊涂表象示之于众人。然而也唯有如此,方称得上有"大智慧",是"大聪明"。明朝时唐伯虎曾经被宁王请去做幕僚，但是唐伯虎很快发现，宁王图谋不轨，包藏犯上作乱的祸心，自己如果跟着他，后果不堪设想。怎么办呢？唐伯虎心生一记：装疯卖傻。于是他整日在街头上装疯，甚至赤裸狂奔，闹得满城风雨。宁王无奈，只好派人将其送回家乡。唐伯虎得以巧妙脱身，后来宁王兵败被俘，他没有受到牵连。

装傻是人际关系范畴的必不可少的技巧和艺术。装傻是一种人生大智慧。每个人都希望比别人显得更聪明。装傻可以满足这种心理。他会感觉自己很聪明，至少比你聪明一些。一旦他意识到这一点，他将再也不会怀疑你可能有更加重要的目的。

做事要分轻重缓急

你应该找到那件最重要、最关键的事情，去做好它，而不是被纷繁芜杂的假象所蒙蔽，因小失大，酿成祸患。

有一个笑话，说的是一对馋嘴的夫妻一起分3个饼，你一个，我一个，最后还剩下一个，两人互不相让，于是决定从现在起都不说话，谁坚持的时间长，就能得到最后的饼。

两人面对面坐下，果然都不开口。到了晚上，一个盗贼溜进屋里，看见夫妻俩，先是有点害怕，看他们毫无反应，就放心大胆地搜罗起财物来。盗贼将家中稍微值钱点的东西一件一件地搬出门去，妻子心里虽然着急，看丈夫一动不动，便只好继续忍耐。盗贼有恃无恐，干脆连最后一个米缸也搬走了。妻子再也坐不住了，高声叫喊起来，并恼怒地对丈夫说："你怎么这样傻啊！为了一个饼，眼看着有贼也不理会。"丈夫立刻高兴地跳了起来，拍着手笑道："啊，蠢货！你最先开口讲的话，这个饼属于我了。"

在这个笑话中，这一对愚蠢的夫妇就是没有分清事情的轻重缓急，没有找到当前最重要的问题，结果因小失大，闹出了笑话。当两人打赌争饼时，遵守赌约、闭口无言是双方的主要问题，应着力解决。可是，当盗贼进屋盗窃财物时，如何联手赶走盗贼，保护家中财产，则成为新的主要问题，赌饼约定已经不再重要。此时此刻，夫妇二人就应该抓住最主要的问题，齐心协力，抓住盗贼，保护财产。然而，夫妇二人因为牢记赌约，对盗贼不予理睬，让盗贼有了可乘之机，将财物盗走，从而丧失了抓贼的大好时机，为了一只饼失去了全部财产。

古人常说："射人先射马，擒贼先擒王。"想问题、办事情，就是应该牢牢抓住最主要的问题，不能主次不分，因小失大。在实际工作中，我们也必须弄清当时当地客观存在的最重要的问题是什么，从而采取正确的解决方法，以收到事半功倍的效果。

英国前首相撒切尔夫人对抓住重点有深刻而简洁的见解。有

老人言

人问她:"在日理万机的情况下还能照顾好家庭,你的秘诀是什么?"她回答说:"把要做的事情按轻重缓急一条一条列下来,积极行动,做好之后,再一条一条删下去就成了!"

真理是朴素的,也是容易被忽视的。加强计划,抓住重点,积极突破,这就是各个领域普遍、适用的重要方法,也是常被忽视的重要方法。

一个人每天都有很多事情要做,有大事、有小事,有令人愉快的事,有令人心烦意乱的事。但是哪些事才是你最重要的呢?不弄明白这个问题,你就会浪费许多精力,空耗许多时间,结果给你带来痛苦,使你身心疲惫。

当然,所谓"重要",必须是出自你自己的想法、感觉,你认为什么对你才是重要的。在某种意义上,人生就是选择对自己最重要的事情,然后去努力完成它、实现它。

如果你不希望被纷繁芜杂的大小问题弄得手忙脚乱,你就必须学会合理有序地安排事务处理的次序。根据事情的"轻重缓急",你可以将自己的行动分成四个层次:

1. 重且急

这些是最优先处理的,应当高度重视并且立即行动。

2. 重但缓

可以稍后再做,但也要进入优先处理的行列,一定不要无休止地拖延下去。

3. 急但轻

这些表面上看起来非常紧急的事务,往往会被错误地列入优先行列中去,使真正重要的工作被拖延。

4. 轻且缓

其实大量的工作是既不紧急也不重要的,我们却常常由于各种原因,本末倒置,耗费了不必要的时间和精力。

当你依照这个程序执行一段时间之后,你就会获得有形的成果及回馈,最终,你将拥有所有你想要的东西,甚至更多。

第二章

危机防患：马临险崖收缰晚，
　　　　　船到江心补漏迟

——未雨绸缪，才能高枕无忧

败家子挥金如粪，兴家人惜粪如金

随着经济的发展，人们的生活水平越来越高。中国的百万富翁也越来越多，中国也正在成为世界奢侈品的消费大国。这一方面说明了人们的生活水平好了，手里的钱多了，能够选择的余地变大了。但另一方面，所谓的官二代、富二代平日里极度的炫富，没有受过一点苦，有的人甚至连生活都不能自理，他们总是花钱大手大脚的，从不节制更没有规划。这样看来"富不过三代"这句话就说得非常有道理。节俭并不代表抠门，事实上只有那些败家子才挥金如土，所谓君子爱财，取之有道，能够兴家的人往往都是那些惜粪如金的人。

"一个人只有用好每一分钱，他才能做到事业有成。"这是比尔·盖茨的生活教条。

比尔·盖茨39岁就成为世界首富，并连续14年登上福布斯财富榜首位的宝座，成为21世纪的财富偶像。1996年12月，微软股价创下新高——同比上涨88%。曾经有人计算过，比尔·盖茨拥有的财富可以购买31.57架航天飞机，或者344架波音747，拍摄268部《泰坦尼克号》。

比尔·盖茨却认为，这些钱只是成功的象征而已，除此之外，他不觉得还有什么意义。事实上，钱既不会改变比尔·盖茨的生活，也没有使他在工作上分心。比尔·盖茨经常告诉那些向他求教的朋友："当你有了一亿美元的时候，你就会明白钱只不过是一种符号而已。"

比尔·盖茨在接受《花花公子》杂志记者的采访时是这样说的："我不觉得讲究派头是一个榜样应该做的事情，一个人如果习惯于享受，就无法再过普通人的生活。对我来说，过普通人的生活才是一种享受，奢靡富贵和挥金如土的生活并不适合我，我只能敬而远之。"

追求生活质量，是每个人的基本要求。作为世界巨富，比尔·盖茨有足够的能力和资格尽情地过着奢侈的生活，然而比尔·盖茨"害怕享受"，并始终将自己定位于财富的"看管人"，而非所有者和消费者。他不喜欢像其他富翁一样前呼后拥,甚至极力反对因钱改变自己本色的生活。

就是因为比尔·盖茨放弃挥金如土,纸醉金迷的享受生活。认真对待自己的每一分钱,把它们用到正确的地方,才会使比尔·盖茨拥有永不停歇的步伐,不停地前进,使得微软公司长久的立于竞争激烈的计算机行业。连世界首富都尚且如此,我们还有什么理由去大手大脚的花钱享乐呢?

败家子挥金如粪,兴家人惜粪如金。真正聪明的人惜粪如金,在乎每一件他们身边的东西,在乎他们的每一分钱。一万元有一万元的价值,我们要在生活中,尽量运用金钱的价值,去把金钱用在需要的地方,该省的地方要懂得节俭,需要花费的地方也不要吝啬,只有这样才会兴家,只有这样才是聪明的。

世界另一个大富翁股神巴菲特在省钱方面有着自己独特的见解。他虽然坐拥亿万资产,但他仍然住在几十年前买的小房子里。并且经常自己去商场购物。令人敬佩的是,他每次都会把商场给的优惠券收好,以便下次购物时使用。有人问他:"你这么有钱,为什么还使用优惠券呢?这样做不过每天能节省一两美元,一生才能够节省多少?"

巴菲特答道:"你错了,这省下的可是非常多的,足足有上亿美元呢。"

"一天省一两块，能够省下一亿美元？"虽然巴菲特是股神，但是那个人还是抱着怀疑的态度。

巴菲特接着分析道："虽然每天省一两美元，从表面上看起来没有多少。但是如果我一直这样坚持下去，一生中我大约能省下5万美元。而如果你不这样做，那么，假如我们其他收入一样多的话，我至少比你多出5万美元。更重要的是，我会将这5万美元用于我的投资，购买股票。根据过去几年来我平均投资股票获得的18%的收益率，这些钱每过4年就会翻一番，4年后我就会有10万美元，40年后将达到5120万美元，44年后就超过了1亿美元，60年后就超过16亿。如果你每天省下一两块钱，到时候你会拥有16亿，你会怎么做？"

那个人听后若有所思。似乎明白了巴菲特的用钱之道。

"历览前贤国与家，成由勤俭败由奢。"其实，节俭的美德不只是为了节约成本。节俭是能决定一个人乃至一项事业的成败。斯诺在延安时，看到毛泽东穿着打着补丁的衣服，周恩来睡着土坑，彭德怀穿着用缴获的降落伞改做的背心，林伯渠耳朵上用绳子系着断了腿的眼镜，他称之为"东方魔力"，并断定它是"兴国之光"。淮海大战中，国民党大将黄维被俘后死不认输，当他亲眼看见了刘伯承、邓小平、陈毅这些布衣将军后，才幡然醒悟："在国共内战的战争中，国民党的失败不仅仅是败在战场上更是败在作风和精神上。"

有一次，李嘉诚上车前掏手绢擦脸，带出一块钱硬币掉到地上。天下着雨，李嘉诚执意要从车下把钱捡回来。后来还是旁边的侍者为他捡回了这一块钱，李嘉诚付给他100块钱然后说："那一块钱如果不捡起来，就会被水冲走，这样就浪费了，而这100块钱小费却不会被浪费，钱是社会创造的财富，不应被浪费。"

这些有名的大富翁对待自己的每一分钱时是如此的严谨，如此的认真，他们从不像一些富豪一样吃喝玩乐，享受安逸，花钱大手大脚；反而，他们珍惜每一分钱，重视每一分钱的使用。试想这样的人怎么不会有大作为呢？

记住"败家子挥金如粪，兴家人惜粪如金"这句话吧，你会发现挥金如土的人是多么的可笑，而惜粪如金的人是多么的睿智。

笨人先起身，笨鸟早出林

有人这样认为，人取得成绩的好坏往往取决于其智商的高低，有的人把自己成绩不如别人的原因归结于没有别人的头脑好使。其实这种观点是错误的，有很多的名人、有成就的人脑子都不是那么好使，他们之所以取得了令人称赞的成就是因为他们的努力，勤能补拙，他们付出了比其他人更多的辛勤汗水。

在我们的周围，常常会看到一些并不很聪明的人，但是靠着刻苦勤奋，取得了令人称羡的成就，成为有所作为的人。在世界伟人的名单里，我们也能看到一些原本天生愚笨的人，他们最终靠着异于常人的勤奋努力，取得了伟大的成就，站在了世界伟人的队列里。

曾国藩是中国近代历史上最有名的政治家之一，就连毛泽东都对他钦佩不已。然而，他小时候的天赋并不高，他凭借着自己的努力才达到了他所有的成就。

少年时期的曾国藩非常勤奋。有一天夜里，曾国藩在灯下读书，他对一篇文章重复读了不知多少次但是还是没有背下来。这时候他家来了一个贼，潜伏在他的屋檐下，那贼想等曾国藩入睡之后再去偷东西。可是他等啊等，就是不见曾国藩睡觉，曾国藩还是翻来覆去地读那篇文章。贼人大怒，竟然跳出来对曾国藩说："就你这种水平还读什么书？"将那篇文章背诵一遍后，然后扬长而去。

这个贼是非常聪明，至少比曾国藩要聪明，但是他只知道不劳而获，因此他只能成为贼，这使得他不仅无所作为，还祸害他人。而曾国藩却因为他这种异于常人的勤奋，最终成为一位学识渊博、成就显赫的政治家，成为后人学习的榜样。

"勤能补拙是良训，一分辛苦一分甜。"这是中国著名数学家华罗庚的名言。一个"勤"字道出了成功的秘诀，勤奋的人即使比别人笨，但是凭借着不懈的努力，仍然会比聪明人取得更好的成就。相反的那些头脑聪明却懒惰自大的人往往都会一事无成，他们总是嘲笑笨者，可到了最后他们更可能会成为被别人嘲笑的对象。

金溪平民方仲永，世代以耕田为业。方仲永5岁时，还不曾认识笔、墨、纸、砚，然而有一天，方仲永哭着向父亲要这些东西。父亲对此感到非常惊异，于是就从邻近人家借来给他，仲永当即写了四句诗，并且题上自己的名字。这首诗以赡养父母、团结同宗族的人为内容，这首诗很快就传送给了全乡的秀才观赏，从此方仲永这个神童就声名远扬。秀才们指定物品让他作诗，方仲永就能够立即完成，他的诗的文采和道理都有值得称赞的地方。同县的人对他感到非常惊奇，渐渐地就都请他的父亲去做客，有的人甚至还花钱求仲永题诗。他的父亲认为这样有利可图，于是就每天拉着仲永四处拜访同县的人，而不让他学习。

方仲永很快长大了，但是因为他的父亲总是带他出去拜访同县的人，使得他没有时间去学习，长大后他的水平仍然是他5岁时候的样子。他的成就甚至都不如同县的笨人，方仲永从此成为一个笑谈。

方仲永的通晓、领悟能力是非常有天赋的。他的天资比一般有才能的人还要高得多。但是他最终成为一个平凡的人，这是因为他没有受到后天的教育。像他那样天生聪明，如此有才智的人，没有受到后天的教育，尚且要成为平凡的人，那么，现在那些不是天生聪明，本来就平凡的人，又不接受后天的教育，想成为一个平常的人恐怕都不能够吧？

中国著名相声大师侯宝林只上过3年小学，认识的字可能还不超过5个，以这样的文化水平，要成为相声大师，谈何容易，但是侯宝林深信勤能补拙的道理。既然文化底子不足，那么就靠勤奋的自学来弥补。就这样，他靠着死记硬背来记相声台词，靠听戏看戏折子来学习认字，靠广泛阅读来增加文学修养。

有一次，侯宝林为了买到自己想买的一部明代的笑话书，几乎跑遍了北京城所有的旧书摊，但也未能如愿。后来，他得知北京图书馆有这部书，就决定把书抄回来。适值冬日，他顶着狂风，冒着大雪，竟然一连18天跑到图书馆里去抄书，一部十多万字的书，终于被他抄录到手。靠着不懈的努力，侯宝林

老人言

大师从不识几个字到能自己整理古籍资料，能写相声段子，能写论文，甚至担任北京大学的兼职教授，被人们尊为相声语言大师。侯宝林大师自己也常说："我是靠勤奋学习才有了现在的成绩。"

假如侯宝林自怨自艾，因为自己的笨拙而放弃自己的理想，那么我国相声界就会少了这样一个艺术大师了，我们就会少了很多的欢声笑语。

爱因斯坦小时候被人称作"智力迟钝、差劲的笨蛋"，就连手工课上做的凳子也粗劣不堪。爱迪生小时候学习能力非常低，因此他被学校拒之门外。牛顿年少时也曾是被伙伴们歧视的"笨蛋"，他是别人经常嘲笑的对象。世界杰出的女性海伦·凯勒自幼双耳失聪，双目失明，生活对她来说是非常苛刻的。他们先天的条件哪一个能比得上我们现在的一个普通人呢？然而，他们都没有因为先天的不足而自暴自弃，而是用不平常的勤奋弥补了自己身体上的不足，最终都取得了举世瞩目的成就。在我们当中，大多数人的智力平常，有的人可能因为种种原因，智力稍微低一些，但这样也要比爱迪生和海伦小时候强许多，那么，我们还有什么理由因为自己智力一般或者稍稍愚笨就感到自卑，然后就放弃勤奋的努力呢？

笨鸟先飞，如果你比别人笨的话，那么就加倍地努力吧，勤能补拙，只要经过不懈的努力，你的目标一定会达到的，只有经过努力，付出比别人更多的汗水后，笨鸟才会早入林。

不会做小事的人，也做不出大事来

很多人都梦想着有一天做成别人做不成的大事，梦想着自己有所作为，有一番大成就，但是他们瞧不上平日里的小事情，认为做大事的人怎么能被这些芝麻大的事情所困扰呢，其实这种想法是大错特错的。"千里之行，始于足下"，"一屋不扫又何以扫天下"，不会做小事的人，是永远也不会做出大事来的。只有注重细节的人，才会有掌握全局的能力。

人，只要能够一心一意地做事，世间就没有做不好的事。很多时候，小事不一定就真的小，大事不一定就真的大，关键在于做事者的认知能力。那些一心想做大事的人，常常对小事嗤之以鼻，不屑一顾。其实连小事都做不好的人，大事是很难成功的。那些真正伟大的人物从来都不轻视日常生活中的各种小事情，即使常人认为很微小的事情，他们也都满腔热情地去对待。

"勿以善小而不为，勿以恶小而为之"。细微之处见精神。拥有做小事的精神，才能产生做大事的气魄。不要小看作小事，不要讨厌做小事。每个人都应从小事做起，因为用小事堆砌起来的

老人言

事业大厦才是坚固、牢靠的。

有一个求职者去一家公司应聘,那个公司招聘一名营销经理,年薪8万。这名求职者一路闯关,从99位应聘者中杀出,终于获得了总裁的召见。

这名求职者走进总裁办公室。总裁不在,只有一位年轻漂亮的女秘书,她微笑着对这名求职者说:"先生,您好。总裁不在,总裁让您给他打个电话。"这名求职者就掏出了手机,拨了一串号码。但就在这时,求职者看见办公桌上有两部电话,就问那小姐:"我可以用用吗?""可以。"女秘书依然微笑着。

于是求职者拿起了电话,终于跟总裁联系上了。总裁在那端兴奋地说:"我看了你的简历,打听了你的答辩情况,你的确很优秀,欢迎你加盟本公司。"求职者听了总裁的话,高兴得心花怒放,他的第一个反应就是要将这个好消息与女友分享。而半个月前,女友出差去了国外。求职者刚拨了手机,却又迟疑了:这可是国际长途啊!这时,他又看了看那两部电话,忽然想道:"我都快是公司的人了,他们是大公司,不会在乎一点儿电话费吧?"于是便拿起电话给他的女友报告他被录取的好消息。恰在这时,另一部电话响起。

"先生,您的电话。"女秘书送了求职者一个非常诡秘的笑。

"对不起,刚才我的话宣布作废。通过我们公司的监控,你没能闯过最后一关，实在抱歉……"总裁在电话里温和地对求职者说。

"为什么？"求职者非常不解地问。

女秘书惋惜地摇摇头，对他说道："唉，许多人和您一样，都忽略了一个微小的细节。在没有成为公司正式员工之前，你明明身上有手机，干吗不用手机呢？"

因为一个小小的细节使得这名求职者最终与成功失之交臂，没有被公司录取。可见细节对成败的作用是多么的巨大啊。

懂得做小事的人才是聪明的人，这些人往往会取得更好的成就，小事做多了也就成了大事了。

1984年在东京国际马拉松邀请赛中，名不见经传的青年选手出人意料地夺得了世界冠军。当记者问他凭什么取得如此惊人的成绩时，他只说了一句话："凭智慧战胜对手。"

大多数人都认为这个矮个子选手是在故弄玄虚。马拉松比赛是比拼体力和耐力的运动，只要身体素质好且耐性好的话就有机会夺冠，而说用智慧取胜确实有点勉强。

两年后，意大利国际马拉松邀请赛在意大利北部城市米兰举行，这位青年代表本国参加比赛。这一次，他又获得了世界冠军，记者又请他谈谈经验。

青年不善言辞，回答的仍是上次那句话："用智慧成胜对手。"这回记者没有在报纸上没挖苦他，但是他们对他所谓的智慧仍旧感到迷惑不解。

10年后，这个谜终于被解开了。青年在自传中是这么说的："每次比赛之前，我都要乘车把比赛的线路仔细地看一遍，并把沿途比较醒目的标志画下来，例如第一个标志是银行，第二个标志是一棵大树，第三个标志是一座红房子，这样一直画到赛程的终点。然后比赛开始后，我就以百米冲刺的速度奋力地向第一个目标冲去，等到达第一个目标后，我又以同样的速度向第二个目标冲去。40多千米的赛程，就被我细化成许多个小目标轻松地跑完了。起初，我并不懂这样的道理，我把目标定在40多千米外终点前天线上的那面旗帜上，结果我跑到10多千米时就疲惫不堪了，然后我就被前面那段遥远的距离吓倒了。"

青年是聪明的，他把一件事分成很多很多的小部分，然后再去努力地把这些细化的小事一一做完，最终做成了大事。假如他仍旧像最初一样把目标定在终点，那么他很可能就不会有如此巨大的成就了。

不会做小事的人，也做不出大事来。只有那些注重细节，认真做每一件小事的人才会做成大事的。瞧不起做小事的人并且不屑做小事的人最终也不会有大的成就。

害人之心不可有，防人之心不可无

有一句老话："害人之心不可有，防人之心不可无。"这句话告诉我们无论在生活中，还是在工作中，我们虽然不能有害人之心，但是一定要有防人之心。

所谓"防人"，就是凡事要多一个心眼儿，采取必要的防卫手段，让人无法加害自己。

前秦的皇帝苻坚对人非常善良，他的心胸极为宽广，他对投降和被俘的人，从不乱杀，他也很少猜疑，有的甚至还委以重任。

当时，鲜卑亲王慕容垂投靠他，苻坚毫不设防，盛情相待，像亲兄弟一样信任他。有的大臣认为慕容垂并不可靠，于是对苻坚说："皇上心地善良，好行善事，但也不能滥施仁义，轻易地相信人。我看慕容垂面露奸诈，不是忠厚的人，他只是走投无路才投靠皇上的，对他应当警惕啊。"

苻坚平日里最恨那些无情无义的人，他认为这是大臣嫉妒慕容垂，于是对大臣说："慕容垂是个非常难得的人才，他能投靠我，正是因为他相信我啊。我善待他是应该的，否则，天下的能人志士一定会说我没有容人的气度，这对我声名是有非常有损的。"

老人言

符坚伐晋失败后，前秦民心浮动，形势十分不稳。这个时候，一直心怀鬼胎的慕容垂以安抚百姓为名，脱离了符坚，并号召前燕帝国的鲜卑遗民复国，接着就建立了后燕帝国。

羌部落首长叫作姚苌，符坚在做亲王时曾经救过他一命。当时，姚苌犯的罪名应当斩首，在赶赴刑场时，符坚见他英武不凡，于是善心大发，当场将他免死。后来，符坚做了皇帝后，对姚苌更加的器重，和他无话不谈，甚至给了他非常大的权力。

许多人都认为姚苌是一个小人，有的还揭发他说："姚苌身为羌人，却时刻想要自立为王，他一直在暗中联络羌人，不停地招兵买马，这都是他有野心的明证。皇上如果对他过于宽厚，就是对自己残忍。"

然而，符坚不听良言。他曾得意地说："我只担心自己的善行不多，我从不来都相信这样做有什么坏处。因此，谁也不能阻止我行善。"

姚苌后来也叛变了，建立了后秦帝国。慕容垂和姚苌的反叛，给了符坚致命一击，前秦也很快就瓦解了。更惨的是，符坚成了姚苌的俘虏，姚苌不但不感念旧情，反而把他活活地勒死了。符坚死时，姚苌的羌人部队都感到于心不忍，为他流下了眼泪。符坚他只知行善的好处，却不知对恶人行善的坏处，所以才会落下如此的悲剧。

　　社会之所以在不断进步，是因为有更多的人在推动，但是这仍旧避免不了会有一些社会的败类存在。如果一个人对这些人不能理智及时地加以防范，便可能会被他们所利用、所侵害、所控制。

　　在现实生活中，与人打交道时应该要谨慎小心，以免造成不必要的伤害。

　　春秋战国时期，有一个叫作易牙的小人。有一次，齐桓公随便问仆人人肉是什么味道，没想到易牙就记在了心里。为了表示自己的忠心，他竟烹了自己小儿子，然后献给齐桓公品尝，由此他得到了齐桓公的宠信。齐桓公晚年时，易牙勾结一些奸人臣子把齐桓公锁进深宫饿死。

　　齐桓公之所以惨死，就是因为他太宠信易牙，对他没有防备之心。俗话说："人无害虎心，虎有伤人意。"所以我们在堂堂正正做人的同时，还要多点防人之心，以免自己吃亏。

　　潭水虽然波平如镜，但很可能深不可测；外貌虽然忠厚善良，也许内心却极富心机。所以说看人如果只看表面的话，有时就会难免吃亏上当。也许是因为"画虎画皮难画骨，知人知面不知心"的缘故，许多吃过亏的人，常常感叹世道之艰险、人心之叵测。因此，古人在劝喻世人"害人之心不可有"的同时，又告诫人们"防人之意不可无。"

人生就像是一场战争。在这场战争中,人们为了求得生存,必须要有慎重的生活方式和态度,这样才不至于上当、吃亏。当然,我们并不需要去欺骗别人,但是,社会上鱼龙混杂,陷阱、圈套任何地方都有可能存在,这就决定了我们一定要小心提防。正所谓"害人之心不可有,防人之心不可无"。

第三章

务实精神：火烧眉毛，且顾眼前

——要脚踏实地，摈弃空中楼阁

眼望高山，脚踏实地

麦当劳创始人克罗克在考虑人才时，并不在乎学位。他甚至有些歧视有学位的人，他说，因为"大部分学位高的人都不肯努力工作，他们只想坐在银行的桌子后面，以为这样便是进入商界了。我喜欢愿意努力工作、不怕艰难、脚踏实地的人"。

许多早期的麦当劳员工不但没有大学学位，而且可能根本进不了其他公司，但他们在麦当劳取得了成功，这是因为他们从实际出发，脚踏实地努力工作的结果。

一位哲人说过："好高骛远会导致盲目行事，脚踏实地则更容易成就未来。"年轻人往往充满梦想，这是件好事情。但年轻人还要懂得，梦想只有在脚踏实地的工作中才能得以实现。

老人言

有一位老教授说:"在我多年来的教学实践中,发现有许多在校时资质平凡的学生,他们的成绩大多在中等或中等偏下,没有特殊的天分,有的只是安分守己的诚实性格。这些孩子走上社会参加工作,不爱出风头,默默地奉献。他们平凡无奇,毕业后,老师、同学都不太记得他们的名字和长相。但毕业后几年、十几年后,他们却带着成功的事业回来看老师,而那些原本看来会有美好前程的孩子,却一事无成。这是怎么回事?

"我常与同事一起琢磨,认为成功与在校成绩并没有什么必然的联系,但与踏实的性格密切相关。平凡的人比较务实,比较能自律,所以许多机会落在这种人身上。平凡的人如果加上勤能补拙的特质,成功之门必定会向他大方地敞开。"

一个人如果做事脚踏实地,具有不断学习的主动性,并积极为一技之长下功夫,那么他便容易获得成功。一个肯不断加强自己能力的人,总有一颗热忱的心,他们肯干肯学,多方向人求教,他们在不同职位上增长了见识,学到了许多不同的知识。

脚踏实地的人,能够控制自己心中的激情,认认真真地走好每一步,踏踏实实地用好每一分钟。他们甘愿从基础工作做起,在平凡中孕育和成就梦想。无知与好高骛远是年轻人最容易犯的两个错误,也是导致他们失败的原因。许多人内心充满梦想与激情,却不能脚踏实地去干。

很多年轻人在谋职时,总是盯着高职、高薪,总希望英雄能有用武之地,可一旦当他们对工作厌烦时,就会抱怨工作的枯燥与单调,当他们遭受挫折与失败时,就会怀疑工作的意义,渐渐地,他们轻视自己的工作,并厌倦生活。

那些有所成就的人士,都具备务实的心态,都是踏踏实实地从简单的工作开始,通过一些微不足道的小事找到自我发展的平衡点和支撑点。

所以,只有踏实肯干,一个萝卜一个坑,最终才能有所成就。

车到山前必有路,船到桥头自然直

挫折几乎贯穿于我们每个人的一生,从小时候的努力练习走路到老后做任何事都非常困难,困难如影随形。面对困难时,有的人就灰心丧气,自暴自弃,不思进取。而有的人却加倍努力,相信"车到山前必有路,船到桥头自然直",保持着乐观自信的精神面貌。

困难其实是我们的朋友,所以面对困难时我们大可不必惊慌失措,失败是成功之母,只有经过了无数的困难,我们才能够看见胜利的曙光。面对困难我们一定要保持乐观的心态,要相信天无绝人之路,只有保持积极向上的态度,才会最终成功。

老人言

有一位作家名字叫刘侠,笔名叫杏林子,她12岁时就得了风湿性关节炎,40年来,她几乎每天都在与病魔搏斗。后来甚至发展到连讲一句话都要喘息不止。然而面对这样的困境,她竟然能够很乐观地去面对,而且还跟主治医师幽默对话,谈笑风生,让主治医师非常佩服。

最令人感动的是,她在这样的情况下,竟然还用了3年的时间,录制完名为《生命之歌》的录音带。她就是想把自己所经历的困境、奋斗的过程及她对生命的感受,留传给后代的人,让他们也能够积极地去面对类似的困境。由此可见,她是一个乐观向上、有使命感的人。

面对困境要有积极乐观的心态,要不屈不挠,勇敢地去面对,而不是要避而远之。在自己的内心深处一直提醒自己:天无绝人之路,车到山前必有路,船到桥头自然直。只有具备了这样的心态,才能真正地坚持到最后,并最终成功。

一位商人一生向佛,天天都在行善。后来有一次做生意被同伙欺骗了。于是有一天,他怀着无比绝望的心情来到当地一座寺庙,找到了一位高僧并对他说道:"师父,我除了自杀应该没有什么路可以走了。我没有别的要求,只求您看在我一生信佛的份上,在我死后收养我那8岁的女儿。"

高僧不动声色地问道:"施主活得好好的,为什么张嘴是死,闭嘴也是死呢?"

商人痛哭流涕地说:"师父啊!我在经商的时候诚心诚意地对待别人,可是别人却对我落井下石,以至于我现在负债累累,现如今被债主们逼得无路可走,只有一死了之!"

高僧道:"难道你就没有别的财产了吗?"

商人痛苦地说道:"没有,我除了有一个年幼的女儿以外,已经是一无所有了!"高僧这时眼中一亮,高兴地对商人说道:"你的女儿就是你最大的财富!"

商人迷茫地问道:"师父,我很不明白您的意思!"

高僧接着说道:"这样吧,如果你把女儿嫁给我,我就帮你还债,怎么样?"

商人一听,大惊失色道:"师父,您不是在和我开玩笑吧?"

高僧却笑着说道:"相信我吧,我能帮助你把问题解决。"

这位商人平日里非常敬重高僧的为人,也十分虔信高僧的智慧,于是他回家后立刻宣布:这个月的十五,高僧要到家里来做他的女婿。

消息不胫而走,全城人都为之轰动了。大家都在翘首以待,等待这个如此特殊日子的到来。到了迎亲的那一天,看热闹的人把大门口挤得水泄不通,高僧到达后,吩咐在门前摆上一张桌子,上置文房四宝,高僧则开始挥毫泼墨,高僧的文字写得龙飞凤舞让大家拍手称赞。围观的人们争相欣赏、购买，没用多长的时间，买书画的钱就装满了箩筐。

高僧问商人说："这些钱够你还债了吗？"

商人急忙拉过女儿跪在地上，长跪不起说道："谢谢您救了我们的命。"

高僧淡淡一笑说："阿弥陀佛，债帮你还完了，我也就不做你的女婿了！"说完就走了。

"车到山前必有路，船到桥头自然直"这句话说得很有道理。人生的路很长，但也很多。我们总会被环境所迫，为条件所困，为生活所累。有些事情是我们无法改变的，然而我们却可以换一种思考方式。生活中，我们有时在一条路上不断地行走，走久了，走累了，走厌了的时候，有可能就会觉得脚下的路越走越走不通，甚至到了山穷水尽的地步，于是就再也没有勇气继续往前迈动步子了。实际上，不是路太狭窄了，而是我们的眼光太狭窄了。其实，许多时候堵死我们的不是路，而是我们自己狭隘的心态，没有坚强的心更没有乐观的心态。我们只是止步在即将迈进成功的前一刻，最终使得成功与我们擦肩而过。

一位经营农场的农场主，他与家人的生活只能达到温饱。他的身体非常强健，工作也认真勤勉，但他却从来不敢妄想财富。突然有一天，他瘫痪在床了，他躺在床上动弹不得。亲友们全都认为他这辈子完了，然而事实却没有朝着人们想象的那样发展。

他的身体虽然瘫痪，但是他的意志却丝毫不受影响，他依然可以进行思考和计划。于是他决定要让自己活得更加充满希望、乐观、开朗，让自己做一个有用的人，继续养家糊口，而不要成为家人沉重的负担。

他对他的家人说道："我的双手已经不能工作了，我要开始用大脑工作，而由你们代替我的双手。我们的农场要全部改种玉米，然后用收成的玉米养猪，趁着乳猪肉质鲜嫩的时候然后灌成香肠出售，这样一定会很畅销的。"

他的家人决定全力支持他，于是就按照他的构想实行起来。没过多久，乳猪香肠果然一炮而红，成为家喻户晓的美食。

每个人的一生都会遇到这样或者那样的困难，这就要求我们应该要时时刻刻激励自己。每个人都应该牢记一句话："车到山前必有路，船到桥头自然直。"

有一位哲人曾经这样说道："一个人如果不能追赶太阳，就应该选择月亮。"这句话是非常的有道理的，当我们在原来的道路上不能进退的时候，我们应该学会正视现实，做一些必要的改变，往旁边挪动几步，就会出现无数条的路，这些路会指引我们用另一种思路去思考问题并且最终会引领我们走向新的希望。只要自己的眼光不过于窄小，眼皮不过于厚重看不清远方，每个人都可以在走不下去的时候发现新的路。只要自己的认识不那么肤浅，懂得人生有顺境逆境，有成功失败，有祸福得失，我们就可以一定可以冲破迷雾看到阳光的。

请相信"车到山前必有路，船到桥头自然直"这句话吧，当你就遇到困境的时候，拿出来激励自己，你会发现再大的困难也会被解决掉的。

十个空想家，抵不上一个实干家

成功就像爬山，不要妄想着飞到顶峰，而要靠一滴滴汗水加上一个个脚印地去攀登，一蹴而就只能是一厢情愿的臆想。那些不想付出却幻想坐享其成的人永远是被讽刺的对象。一个人如果只会想，却不能做，那他永远不可能成功。

梦想在任何时候都是一种支持生命的力量，失去它，生命就会枯竭。梦想是每一个奋斗者的热烈企盼和向往，是每一个奋斗者为之倾心的夙愿。在它的推动下，人就能够被激励、鞭策，处于一种昂扬、激奋的状态下，去积极进取，向着美好的未来挺进。

人应当志存高远，但梦想的价值是指引行动，从而使梦想成为现实。梦想如果缺乏行动的支持，就会成为空想。满脑子空想的人是最可悲的，穷尽此生，他们将一无所获。

一位乡下小伙子登门拜访一位老诗人。小伙子自称是一个诗歌爱好者，从7岁起就开始进行诗歌创作，但由于地处偏僻，一直得不到名师的指点，因仰慕老诗人的大名，故千里迢迢前来寻求文学上的指导。

这位青年诗人虽然出身贫寒，但谈吐优雅，气度不凡。老少两位诗人谈得非常融洽，老诗人对他非常欣赏。

临走时，青年诗人留下了薄薄的几页诗稿。

老诗人读了这几页诗稿后，认定这位乡下小伙子在文学上将会前途无量，决定用心指点他，于是，他们开始书信往来。

但是，这位青年诗人以后再也没有寄诗稿来，信却越写越长，奇思异想层出不穷，大谈特谈文学问题，语气越来越傲慢。

老诗人忍不住了，在信中提出想看看年轻人有什么新作问世，但年轻人总是含糊其辞，说自己正在创作一部长篇史诗。几个月过去了，这部"巨作"似乎还只是停留在他的脑海里……

转眼间，一年过去了。

青年诗人继续给老诗人写信，但从不提起他的大作品。信越写越短，语气也越来越沮丧，直到有一天，他终于在信中承认，长时间以来他什么都没写，以前所谓的大作品根本就是子虚乌有之事，完全是他的空想。

很久以来他就渴望成为一个大作家，周围所有的人都认为他是个有才华、有前途的人，他认为自己是个大诗人，必须写出大作品。在想象中，他感觉自己和历史上的大诗人是并驾齐驱的。空想似乎已经耗尽了他的激情，他现在什么也写不出了。

从此后，老诗人再也没有收到这位青年诗人的来信。

十个空想家也抵不上一个实干家，因为空想家将生命浪费在构建空中楼阁的时候，务实的人们早就一步一个脚印，开始创造属于自己的一切了。两者的区别显而易见。幻想写出长篇巨作的年轻人，从未真正开始着手实现自己美好的愿望，最终贻误了自己的一生。空想对于我们的人生是多么危险，由此可见一斑。

这个世界上有太多思想的巨人，行动的矮子。行动面前，自己的空想就已经把自己打败了。而那些"思想单纯"的人呢？他们绝没有这样丰富到多余的想法。他们想到一件事，而且想去做，便做了，边做边想，有了问题修正，有了经验总结，原本20%的希望，却成就了100%的结果。

天地如此广阔，世界如此美好，我们不仅仅需要一对梦想的翅膀，更需要一双踏踏实实的脚，去开创我们的未来。

清谈者坐而论道，百无一用；空想者原地踏步，一事无成；唯有行动，才能让自身不断超越，变得越来越优秀。

笨鸟先飞早入林

世界上的人是有聪明和笨的区别的，有的人生来就智力超群，做事的能力也胜过众人。而有的人却是非常笨，做事情也比别人差很多。这个世界是残酷的，竞争随着社会的发展而变得越来越激烈。面对这种情况，智力超群的人做事情当然会轻而易举的，然而笨的人甚至是有缺陷的人就会落后别人一步了，为了在激烈的竞争中不被淘汰，这些人就应该付出比别人更多的努力，正所谓"笨鸟先飞早入林"。

一个人的条件如果比其他人差的话，那么他就应该付出比别人多数倍的努力，勤能补拙，只有靠着不懈的努力才不会被这个世界抛弃，才能让自己成功。

伟大的科学家爱因斯坦曾说过："成功等于艰苦劳动，正确的方法及少说空话的和。"这也正是他成功的秘诀。在这三个条件中，"勤"是首要的条件。因为勤能补拙。爱因斯坦小时候也不是超人的天才，甚至有人说他是笨蛋。但是爱因斯坦深信天才出于勤奋，他用勤奋来弥补自己的"笨拙"。为了彻底弄清

老人言

一个问题，他比别人要多花几倍的时间，终于用汗水浇开了成功之花，对科学技术的发展做出了巨大的贡献，从而自己也走上了成功。"笨鸟先飞早入林"的意思就是如果自己能力不行，害怕自己落后的话，就应该比别人先行动，以此来弥补自身的不足。

现在的社会上，有许多人总是抱怨自己的情况不好，干不好事情，而不去努力。如果他们能学习"笨鸟"，在自己的弱点上努力改进，他们肯定能克服困难，最终能用勤来补拙的。其实世界上并没有完美的人，许多人是靠自己的辛勤努力才走上了成功的道路。当然了，如果一个人有很多的优点但是却不好好地利用，也会变为"拙"的。最好的例子就是方仲永，他小时候可谓是一个天才，只要指一样物品让他作诗，他很快就可以完成。可是，后来他父亲不让他学习，方仲永也就重新变成了普通的人，最后也没有什么成就。因此，当我们发现身上的缺点时，千万不用懊恼，要记住，勤能补拙，只要肯努力就没有什么困难是不能被征服的，最终就一定会成功的。

爱因斯坦小时候，却是被所有人公认的一个小笨蛋，笨到同学们见到他就会不停地议论纷纷，笨到老师也觉得他无可救药了。可是，爱因斯坦去具有了常人所没有的意志力，那就是"勤奋"！有一次在手工课上，别的小朋友都交了一个个非常精美的手工作品，可是他却交了一个工艺粗糙的小木凳子，看了他的作品大家都大声地笑话他。老师也讽刺他："我看没有比这个更糟糕的东西了！"可是爱因斯坦却拿出了两个比这个更加糟糕的小凳子。这时，老师和同学们全部都惊呆了，也由此改变了对他的看法。

这是爱因斯坦的成长过程中一次小小的勤奋，他的收获是得到了同学和老师对他新的看法。当爱因斯坦长大了以后，他变得更加勤奋了，他的成就也就更大了——他得到了诺贝尔奖，以及许多数都数不清的奖项。最终成为一位让世人夸赞的大科学家。

笨鸟先飞早入林，勤能补拙，只有努力才会获得别人无法获得的成就。

说话要诚实，办事要公道

人生在世，短短几十年，如果我们对自己的人生没有一把衡量对错的标尺，那是很危险的，我们可能会迷失在罪恶的万丈深渊中。我们做人要堂堂正正地做人；在办事情、处理问题时，也要站在公正的立场上，提出合理的解决方案。我们在对待任何事物都要遵循自己的原则，诚实待人，公正对物。

老人言

春秋时期，吴国有一个人叫季札，有一次君王派他出使鲁国，季札在出使的途中经过徐国，于是徐国国君设宴招待他。等大家都入席坐定之后，徐国国君言语之间，掩饰不住他对季札那一把宝剑的喜爱之情。季札心里就琢磨："他喜欢我的这一把宝剑，出于两国的和平考虑，我也应该把它送给徐国国君。但是现在不行，因为我要出使鲁国，这个佩剑是必要的显示身份的礼仪，所以只能等办完事以后才可以送给他。"所以季札在心里记住了这件事。后来等他顺利出使鲁国，返回来经过徐国时，他就去特意去拜访徐国国君，想要把宝剑亲自送给他。

不巧，徐国国君不久便去世了。季札知道以后，就前往他的坟前给他祭拜。祭拜完了，把宝剑挂在坟旁的树梢上，然后离开。他的仆从说："主人，你没有必要这样做啊，因为你之前就没有亲口答应要把这把宝剑送给徐国国君。纵使你答应过他，他现在也已经死了，你遵守不遵守对他来说还有何意义呢？"季札回答说："我的心里早就已经答应送给他了。怎么可以因为他去世而违背我的内心的承诺呢？"这就是历史上著名的"季札挂剑"的由来。

古代人的"信"不只在言语上，连一个念头也不能违背，因为他们不愿违背自己的良心。古代人的这种精神，正说明了古人做人的诚实，我们后人要好好地向他们学习才是。

包拯，字希仁，庐州合肥人。年少时，包拯就勤奋好学，"不为戏狎"；成年后，他十分注重名节礼仪，立志做一个有所作为和道德高尚的人。宋仁宗天圣五年，未到而立之年的包拯就中了进士甲科，从此开始了自己清正严明的为官之道。他为官二十多年，自始至终严于律己，以铁面无私，执法不避亲党著称，是北宋时期最有影响的一位大清官，赢得了后人的敬重。

生活在朝政腐败、贿赂成风时代的包拯，却为官清廉，不为浊世所污染，已经很是难得。包拯在做御史中丞时，曾连续弹劾了两位大臣——张方平和宋祁，他们在朝廷是很有影响力的人物。张方平在执掌大权期间，有一个开酒坊的刘姓富翁，因拖欠官府的粮食，折合一百多万钱，借贷无着的情况下，只有变卖家产来偿还债务。这时，张方平便利用职务之便，廉价收购了刘家的宅院，据为己有。这桩不光彩的事情被包拯知道后，上奏仁宗，罢免了他职务。张方平的继任者宋祁，生活习性散漫，名声不好，他终日游宴，生活异常奢靡。他代张方平出任三司使不久，就在包拯等直言纳谏官员的一片"弹劾"声中，被贬为郑州知州。

包拯为人，性情峭直，从不会做虚伪狡诈的勾当。他疾恶如仇，执法不避亲属，所有故旧、亲朋的一些请托，都被他一一拒绝。他更注重自身的廉洁，虽贵为朝廷重臣，"衣服、器用、饮食如布衣时"。他最痛恨贪赃枉法的之辈，曾作遗嘱道："后世子孙中若有做官的犯了赃罪，生前不得让其进家门，死后也不许葬入包家的坟地。如不遵守我的遗训，就不能算我的子孙。"

包拯可谓大公无私的典范，我们后人至今还为他的所作所为而钦佩不已。

由古思今，一个人，一个企业要想在商场中立足，就必须懂得这两点：做人诚实，办事公道。曾经一个成功的企业家说过："其实一个老板，不必要有太大的能耐，最要紧的是要厚道，然后你的员工就地道了。"

厚道与是一个道理，它是一个人做人的基本准则。一个企业有生命力，首先就要有明确的企业基本准则、企业的精神和文化，这与做人是一样的，企业能够诚实、公正对待自己的客户，那么就能建立雄厚的企业。企业的成长不是一个人就能支撑，需要领导和员工的共同努力。一个领导在企业中就如同一个领航掌舵的人，他的言行举止，一举一动都会影响员工的处事方式，有一个厚道、诚信、坚持原则的领导，那么长期的"近朱者赤"的熏染，员工也会变得厚道起来，企业也会受到社会的认可。

第四章

机遇把握：君子藏器于身，待时而动

——善于捕捉时机，敢于果敢出手

慈不主兵

有句话叫作"慈不主兵"。意思就是心怀仁慈的人不能掌管军队。这句话说得非常有道理。心慈手软的人不适合掌管军队，因为战争是残酷的，战局是瞬息万变的，想要打赢一场战争就应该该出手时就出手，战机到来就应该立刻抓住，然后改变战争的格局。而心慈手软的人总是妇人之仁，遇事也总是犹豫不决，畏首畏，并且在进行决断时，也总是拖泥带水，这都是兵家的大忌。如果太过讲道义，掌管钱财时往往就会徇情，而不是丁是丁卯是卯的那么一丝不苟。

在日常生活中，我们同样也应该遵循这个原则，做事情一定要敢于下决心，而不是总是犹犹豫豫的，怕这怕那，瞻前顾后。

老人言

弱肉强食的环境里,竞争是非常残酷的。面对敌人,如果过于仁慈就容易被敌人趁机反攻自己,从而害了自己;面对自己亲密的人,如果他们犯了错,你却依然一味地过于仁慈,就很难树立自己的威信,进而就不能树立一个令人信服的规矩。因此,为了生存,适当的"不慈"是非常有必要的。

在《左传》里有一个非常经典的故事。孙武去见吴王阖闾,与他谈论带兵打仗之事,而孙武说得头头是道。吴王心里就想:"纸上谈兵有什么用呢,还是让我来考考他吧。"于是吴王便出了一个难题给孙武,让孙武替他操练嫔妃宫女。

于是孙武挑选了一百个宫女,然后让吴王的两个宠姬担任队长。接着孙武将列队操练的要领讲得清清楚楚。然而,当他喊口令时,这些女人却笑得前仰后合,乱作一团,谁也不听他的。

孙武再次讲解了要领,并要求两个队长以身作则。可是他一喊口令,宫女们还是满不在乎的,两个当队长的宠姬更是笑弯了腰。孙武非常严厉地说道:"这里是演武场,不是王宫,你们现在的身份是兵士,不是宫女,我的口令就是军令,而不是玩笑。你们不按口令操练,两个队长带头不听指挥,这就是公然违反军法,理当斩首!"说完,孙武便叫武士将两个宠姬杀了。

场上顿时变得一片安静,宫女们吓得谁也不敢出声。当孙武再次喊口令时，她们全都步调整齐，动作划一，俨然成了训练有素的军人。

孙武派人请吴王来检阅，吴王正为失去两个宠姬而感到难过，但是又不得不佩服孙武的练兵能力，只好说道："先生的带兵之道我已领教，由你指挥的军队一定是纪律严明，能打胜仗。"

假如孙武碍于吴王的压力，心慈手软的屈服于这些宫女们，那么最后他就不会把这些宫女训练的纪律严明，训练有素了。

心慈手软往往难成大事，因为太过仁慈的人总会遇事不决，难下决定，从而错过机会并为自己埋下祸根，正所谓当断不断，反受其乱。

建安元年，刘备被吕布打败，兵微将寡，无奈之下，刘备就投靠在了曹操门下，因为刘备宽厚仁慈，曹操非常的器重他，封他为豫州牧，并允许其收纳原来溃败失散的兵将，还供给刘备军队所需的粮草，刘备因此羽翼渐丰。

后来张鲁公汉中称王，刘备就向曹操自荐，愿领兵去讨伐张鲁。这时有人对曹操说："刘备貌似忠厚，实怀雄才大略，如果派他去讨伐张鲁，无异于放虎于山林。"然而，曹操不听劝告，刘备于是领兵而去，随后刘备率军队占据了下邳、接着攻下了徐州，并用巧计夺取了荆州，势力不断壮大。

曹操见此大为震怒，于是亲率大军南下。刘备见此便听从军师诸葛亮的建议联合孙权抗曹，最终在赤壁一战，曹操败给了孙刘联军。刘备接着便建都巴蜀，称帝建国。最终成了三国鼎立之势。曹操临死还含恨于此。悔恨当初没有听从别人的意见，以致造成大患。

所以，当我们遇到需要立下决定的情况时，千万不可以犹豫不决，而应该立下决定，从而不让转瞬即逝的机会与自己擦肩而过。让自己坚定一些，摆脱掉遇事犹豫的毛病，才能够让成功来到你的身边。

逢强智取，遇弱活擒

在战争中讲究的是："逢强智取，遇弱活擒。"在为人处世中也是如此，面对不好惹的人，就得多动动脑筋，用最有效的方法将他"制服"；遇到问题时，一定要仔细地分析问题，从而找到最好的解决办法。

只要肯想，办法总是有的。但是办法一定要对路，要能够见招拆招。只有开动脑筋，逢强智取，遇弱活擒，在不同的情况下想出不同的可以解决问题的好方法，只有这样才能够真正地解决问题，最终助你达到成功。

暑假来了，张平想要出去打工，一来可以锻炼自己，二来还可以缓解家里的经济危机，张平买了一份找工作的报纸，他在广告栏上仔细寻找，终于选定了一个很适合他专长的工作，广告上说工作的人可以拿着简历在第二天早上 8 点钟到达他们的公司设定的面试地点。张平很想试一试，于是就在第二天的 7 点 45 分钟到了那儿。可是他看到居然已经有 20 个男孩排在那里，而他则排在队伍的最后面。

看到这种形势，他感到非常郁闷。他心里想："这样下去的话，我面试上的概率非常的小，我得想个办法，怎样才能引起特别注意而竞争成功呢？"张平就是有一股不服输的劲头，他始终相信只要认真思考，办法总是会有的。终于，他想出了一个办法。

张平拿出了一张纸，然后在上面写了一些东西，折得整整齐齐，走向面试官，然后恭敬地说："先生我希望您可以看一下。"

面试官看到了纸条后突然大笑了起来，因为纸条上写着："先生，我排在队伍中的第 15 位，在你没看到我之前，请不要早早地作决定。"

最终，张平得到了这份工作。

张平开动了自己的脑筋，他想到自己排队面试成功的概率非常小的情况，没有同别人一样的去好好地排队，而是想出了一个

老人言

非常高明的办法，从而使自己如愿以偿地获得了工作。

李小龙是我国著名的功夫大师，功夫电影明星。他曾经自创了截拳道，为我国武术的发展做出了杰出的贡献。他是一个非常善于思考、精于谋划的人，因此他在处事时，总是能够分清局势，成功地绕开危机，并能最终获得成功。

有一次，李小龙去宣传自己的截拳道，在表演前他首先作了一番讲演，仔细阐明了截拳道的优势，同时也分析了其他武术门派的弊病。李小龙的言论立刻激起了一名在场的日本武师山本的强烈不满，这名武师属日本空手道黑带三段，在另一所大学就读。听了李小龙的演讲，他立即不服气地走到场边，然后以污言秽语羞辱李小龙，他戳着李小龙叫道："你的截拳道既然如此厉害，那么你敢不敢接我的空手道呢？"

李小龙原本想将他的截拳道招数表演完毕再和他理论，见此情景不得不中止，终于他忍无可忍地接受了对方的挑战。李小龙对山本说道："空手道是从中国武术演变而来的，我哪有怕空手道的道理呢？"

于是，双方摆下了架势，李小龙立刻闪电般地贴近山本跟前，他的攻势迅猛凌厉，在短短的11秒内就结束了这场比武。再看山本，则被李小龙打得满脸鲜血，倒地不起。

后来李小龙知道这名日本武师的功夫属于上乘，名气也非常大。然而李小龙还是轻而易举地将他击败，从此李小龙声名鹊起，名声大噪，这次比武为他自己做了一次非常成功的广告。此后，慕名投奔李小龙门下的学生也越来越多，他的武馆从此大见起色。

李小龙是聪明的，他认真分析了局势，考虑到对方是练习空手道的武师，而空手道是从中国演变而来的，且自己的截拳道也吸收了空手道的经验，于是很自信地认为自己可以打败他，这样也可以为宣传自己的截拳道起到非常好的效果。于是他立刻凭借自己的能力打败了那名武师。

在做事情时一定要多思考，多分析。逢山开路，遇水搭桥；兵来将挡，水来土掩；只有这样才能够使问题更好地更有效地解决。

东汉末年，魏、蜀、吴三分天下。蜀国丞相诸葛亮受到刘备托孤的遗诏，立志北伐，以重兴汉室。然而，蜀国南方的孟获又率兵来犯，诸葛亮当即点兵南征。双方首战诸葛亮就大获全胜。他亲率主力大军进入益州。这时雍闿已被高定的部下杀死，孟获代替雍闿为主，召集雍闿余部抵抗诸葛亮。

孟获虽然有勇无谋，但是却在当地少数民族中威望很高，所以诸葛亮根据自己的既定方针，决定生擒孟获，使他心服归降。

于是他下了一道命令，只许活捉孟获，不能伤害他。于是诸葛亮七次抓到孟获，又七次把他放掉，最终让孟获降服。

诸葛亮七擒孟获平定南中，不仅解除了蜀汉的南顾之忧，稳定了后方，而且从南方调拨了非常多的人力物力，从而充实了蜀汉的财政力量，让其可以专心于北伐。

诸葛亮平定南中后，命令孟获和各部落的首领照旧管理他们原来的地区。有人对诸葛亮说："我们好不容易征服了南中，为什么不派官吏来，反倒仍旧让这些头领管理呢？"

诸葛亮说："我们派官吏来，没有好处，只有不方便。因为派官吏，就得留兵。我们如果要留下大批兵士，那么我们的粮食就会接济不上。再说，刚刚打过仗，难免死伤了一些人，如果我们留下官吏统治，一定会发生祸患。现在我们不派官吏，既不要留军队，又不需要运军粮。让各部落自己管理，汉人和各部落相安无事，岂不是更好？"

诸葛亮想到了战后的统治问题，因此不能杀死孟获，而应该让其归顺，然后令其臣服蜀国，一举两得。

因此，做事情千万不能盲目地去做，而是应该结合具体的情况，想出一个可以对症下药的方法来，只有这样事情才会被很好地解决。

将计就计，其计方易

每个人的一生都会遇到敌手的，为了胜过别人你就一定要多动脑，多努力。虽然"消灭自己敌人的最好办法就是把他变成你的朋友"这句话说得很好，但是我们并不能把每一个对手都变成好朋友，这就要求我们学会去面对他们，去战胜他们。

并不是每个对手都会和你光明正大、堂堂正正地竞争。有的对手往往会暗地里向你使用见不得人的招数，所谓"明枪易躲，暗箭难防"，面对对手的小伎俩，我们应该学会将计就计，借力打力，才能够很好的回击。"将计就计"如果能够圆满完成，不仅能让自己摆脱困境，更能让对手的计划落空，甚至于让对手返过头来落入自己的圈套里面，从而使他同陷入困境。

当你和他人斗智斗勇时，难免会棋逢对手，双方会呈现非常胶着的状态，谁也不能占到对方半点便宜。如果这样相持下去的话，就会使得双方都会元气大伤。就算是一直耗下去最终获得了成功，也只能留下一个难以让人接受的烂摊子。这样的胜果，代价实在是太大了。而如果我们懂得将计就计，利用别人的计谋然后有针对性地制订计划，就会很快地粉碎别人的计谋，从而让自己更轻松地获得胜利。

老人言

1941年秋，侵华日军华北总司令冈村宁次调集了数万日伪军，集中力量对晋察冀边区进行了大规模的扫荡行动。面对这种情况，晋察冀军区的司令员聂荣臻立即决定，由军区直属机关留在中心地区以牵制敌人，同敌人周旋。主力部队则跳到外线去有效地打击敌人，从而一举粉碎敌人的大扫荡。

按照这个部署，聂荣臻率军区直属机关开始向安全地带进行转移。在转移的途中却遭到了敌人飞机的狂轰滥炸，接着很多敌军在飞机的引导下尾随而来。军区机关换了很多的地方，但就是摆脱不了敌军。大家都觉得非常奇怪，为什么军区机关转移到哪里，敌人的飞机就出现在哪里呢？聂荣臻经过反复的分析，认为敌人之所以能对军区机关迅速转移做出快速的反应，是因为敌人掌握了军区机关电台的信号。于是，他决定将计就计，命令一个小分队携带着一部电台赶往距军区机关驻地几里外的一个电台点，然后用军区的呼号不断地发报。果然，敌机就开始猛烈地对那个电台点狂轰滥炸，各路敌军也不断扑向那个电台点。从而为机关和军队的转移赢得了宝贵的时间。

聂荣臻及时洞悉敌人尾随军区机关的原因，然后将计就计，调虎离山，最终粉碎了敌人对军区机关的重点进攻。

将计就计就是要利用对方的计策然后向对方实施一个计策。要想将计就计，首先就得先识破对方的计谋，知道他的意图所在，然后才能"就计"而行，从而战胜对手。

《三国演义》里，贾诩也曾搞了一次将计就计，当时曹操发兵攻打张绣，张绣在南阳死守。曹操攻打了很久也没有打下来，于是曹操便骑马围着南阳城转了3天。不久，他发现南阳城的东南城墙非常不坚固，于是便公开传令让兵将们在城西北堆积柴薪，接着会集诸将，摆出了从西北处攻城的架势，而暗地里却命令军中秘密准备攻城的器具，企图从东南角攻入城内。

谁料，城中张绣的谋士贾诩识破了曹操"声东击西"之计，他经过分析，决定将计就计，他让饱食轻装的精壮士兵全部藏在城东南的房屋之内，让老百姓假扮成军士，登上城西北角，不断的摇旗呐喊。曹操以为张绣中计，于是就白天在城西北进行佯攻，到了晚上则悄悄带着精兵从东南角爬入城内，结果却反中了贾诩的计谋，最后被杀得丢盔弃甲，损失了几万兵力。

贾诩正是在识破了曹操的计谋后，在根据曹操的计划制订一个可以击败他的计划，从而把曹操打得一败涂地，进而解决了曹操围城的困境。

将计就计的关键就在于能否看透第一个"计"，如果看透了，你就可以认真地想出一个得当的方法来对付它，而如果你看不懂对方的意图，那么你就无法将计就计了，而是只能中计了。

韩襄毅名雍，谥号襄毅，一次，有个郡守准备了丰盛的酒宴

老人言

进献给他，这酒宴用一个大盒子装上，并且有一个美女也装在了盒子里，然后直接进献到韩襄毅所住的营帐中。

这必定是当地的郡守想借此来窥探韩公的。韩襄毅知道这里面一定有不可见人的东西，但是他又不好违背郡守请他饮酒的好意，更不能若无其事地处理他派来的窥探者。思来想去，他决定将计就计。于是他就请郡守进入军帐，然后打开盒子，让在盒子里的美女献完酒之后，就依旧放回了盒子里，最后又把盒子还给了郡守，让美女随着郡守一起出去。

韩襄毅识破了郡守的意思，但又碍于情面无法拒绝，于是他就将计就计地让美女敬了酒，然后又把美女完好地送回，不但接受了郡守的好意，也表明了自己的态度，实在是高啊。

因此在与对手斗法时，不能仅仅借助于自己的蛮力，更要开动自己的脑筋，努力去了解对手的计划，然后根据他的计划，布置一个自己的计划，让他在实施自己计划的过程中就不知不觉地落入自己的计划之中，从而实现打败他的目标。

机会从来不等人

"机会从来不等人"。当你做了充分准备，机会来临时就是你的；如果你没有做好准备，任何机会都不会是你的。

机会不会向每个人冲奔而来，有的时候机会来到我们身边仅仅是短暂的瞬间。谁错过了这一瞬间，它绝不会再恩赐第二遍。

机会从来不等人。在通往失败的路上，处处是错失了机会、坐待幸运到来的人。

抓住机会，见机而动，这个道理并不难理解。但许多人却令人遗憾地失去了机会。失机的原因恐怕体现在两个环节上，一个是识机，一个是择机。

时机来到，有的人能及时发现，有的人却视而不见，有的人虽然有所发现，但认识不清，把握不准。

致使良机丢失的另一个原因，是多谋少决，不敢决断，不能当即择机。这固然受到对时机认识不明的制约和影响，但与决策者的心理素质也有很大关系。有的人天生意志软弱，缺乏决断力，面对几种互相矛盾的选择方案，不知取舍，无所适从。

可见，机遇并不是赐给每个人的。无论在社会生活还是社会斗争中，机遇只偏爱那些有准备头脑的人，只垂青那些深谙如何追求它的人，只赐给那些自信必能成功的人。机遇稍纵即逝，犹如白驹过隙，常言道，机不可失，时不再来。在进退之间，不能把握时机者，必将一事无成，蹉跎终身。

机会总是来去匆匆，它从不为任何人稍作停留，但这并不是说，机会可遇而不可求。机会可遇亦可求。所谓可求，就是说每个人都可以为自己制造机会。机会常常会出现在你面前，你完全可以把握住机会，将它变为有利条件。而你需要做的事情只有一件：行动起来。

软弱和犹豫不决的人，总是找借口说没机会，他们总是喊：机会！请给我机会！

弱者等待机会，强者创造机会。即使做不成强者，至少也要抓住机会。

事实上，你缺乏的不是机会。而是辨别机会的慧眼和抓住机会的双手。

世界上最小的门是机会之门，只要你关闭，拒绝接受，就是连一根针也插不进去；世界上最大的也是机会之门，只要你打开，它可以创造无数奇迹。其实，一个人生活中的每时每刻都充满了机会。学校里的每一堂课是一次机会；每一次考试是一次机会；每一个工作任务是一次机会；每一次都是展示你的优雅与礼貌，果断与勇气的机会，更是表现你诚实品质的机会。

在这个世界上生存，本身就意味着你拥有奋发进取的特权，你要利用这个机会，充分展示自己的才华，去追求成功，那么这个机会所能给予你的东西，要远远大于它本身。

不打无准备之仗

俗话说得好："好的开始是成功的一半。"做每一件事的时候，如果准备充分的话，往往会有事半功倍的效果。"不打无准备之仗"，在做事情的时候一定要规划好，准备好，这样才会使成功更加顺利的到来。

著名的作家梁晓声曾接到过一位大学生写来的信。在信中他倾诉自己对文学的虔诚与热爱，以及想成为作家的愿望，只是由于自己是学工科的，因此不能将大量的精力花在自己热爱的文学上，所以他感觉自己是世界上最不幸的人。

梁晓声在回信中坦诚地说道："与同龄的青年相比，能够考入一所名牌的大学，你已经是最幸运的人了。目前对你来说，努力学习是最合适的事情，学习应当成为你生活的全部，即使你要成为作家，大学的学习对你也是非常有益的积累。我劝你还是先按下当作家的迫切愿望，等到将来大学毕业了，再从业余作家做起，然后当半专业作家，直到进入专业作家的行列。"

令人遗憾的是，这位大学生根本听不进梁晓声的劝告，他把所有的心思都用到了写作上。结果，他没有一篇"作品"发表，相反地学习成绩却一天天地下滑，甚至于连续几次补考都没有及格，最后不得不离开了大学校园，回家去了。

老人言

再后来,梁晓声听说他精神失常了,便非常痛惜地说道:"这实在是太可惜了。"

这名大学生没有听从梁晓声的正确意见,一心只想着写作,但是他没有写作的天分,又不去为当一名作家而做准备,积累经验,而是急于求成最终落了个令人痛惜的下场。

我们再来看另外一个例子:

著名的女作家铁凝曾经接触过一位文学爱好者。她是一位四川乡村的女青年,她为了文学,竟然不远万里地找到铁凝。她希望在铁凝的指导下早日成为一名作家。

但是铁凝心里非常清楚,一个人仅仅靠一个作家的培养而成为作家的概率是非常小的。福楼拜是莫泊桑母亲的老友,他曾经对莫泊桑进行过极其严格的写作训练。但是莫泊桑在以《羊脂球》而留名文坛之前,他一直在一个默默无闻的小职员的位置上奋斗了十余年。

铁凝了解了女青年的大致情况后,善意地向她提出建议:"你最重要的是工作问题,因为有了工作才能有工资,有了工资才能活着。只有活着才能去写作,去追求梦想。"

那位女青年听从了铁凝的劝告,回到家乡。在一个小县城里找到了一份最普通的工作。以后她常把她的习作邮寄给铁凝指导。终于,她的文章开始在地区的小报刊上连续发表了。渐渐地，她开始引起人们的注意，并最终实现了她的梦想。

同样热衷于文学，两个青年却有着截然不同的结局，出现这种情况的原因是因为前者对写作这件事没有准备充分，急于求成。而第二个青年则听从了铁凝的建议为自己的梦想积极地做准备，最终实现了自己的梦想。

一个年轻的猎人带着充足的弹药和擦得锃亮的猎枪去打猎。

老猎手们都劝他在出门之前把弹药装好再去寻找猎物，但他还是带着空枪走了。他对老猎手们说道："我到达打猎的地方需要一个钟头，到了那再装子弹也有的是时间。"

他走到了开垦地，就发现了一大群野鸭密密麻麻地浮在水面上。以往在这种情景下，猎人们一枪就能打中六七只，这足够他们吃上一个礼拜的了。可这个猎人却需要忙着装子弹，此时野鸭发出一声鸣叫，一齐飞了起来，很快就飞得无影无踪了。

他徒然穿过曲折狭窄的小径，在树林里不停奔跑搜索，这片树林是个荒凉的地方，他连一只麻雀也没有见到。更不幸的是，这时天空霹雳一声，然后下起了倾盆大雨。

猎人浑身上下都是雨水，袋子里空空如也，最后猎人只好拖着疲乏的脚步回家去了。

在看到猎物的时候才去装弹药，连作为一名猎手最起码的准备工作都没有做好，当然就不可能有什么收获了。如果他在出发前做好充分的准备,那肯定会满载而归。

北宋大画家文同,字与可。他画的竹子远近闻名,每天总有很多人登门求画。那么文同画竹的妙诀在哪里呢?

原来,文同在自己家的房前屋后种上各种各样的竹子,无论春夏秋冬,阴晴风雨,他经常去竹林观察竹子的生长变化情况,琢磨竹枝的长短粗细,叶子的形态、颜色,每当有新的感受就回到书房,铺纸研墨,把心中的印象画在纸上。日积月累,竹子在不同季节、不同天气、不同时辰的形象都深深地印在他的心中,只要凝神提笔,在画纸前一站,平日观察到的各种形态的竹子立刻浮现在眼前,所以每次画竹,他都显得非常从容自信,画出的竹子,无不逼真传神。

当人们夸奖他的画时,他总是谦虚地说:"我只是把心中琢磨成熟的竹子画下来罢了。"

文同竹子画得传神,是因为他在画竹子之前,对竹子做了大量的观察,使得他对竹子的特性了如指掌,因此就可以画出惟妙惟肖的竹子了。

总而言之,做任何事情之前,一定要做好充分的准备,只有充分的准备后才会更加自信的去做事情,从而更加顺利的去实现目标。

善用现有资源

一家建设公司董事长长期专心经营"没有资金赚大钱"的生意,他想了许多办法,"预约销售"是其中最有效的方法之一。譬如有人要卖某处山坡的地上物时,他就前去找买主,一找到,他就跟买主接洽。他说:"那座山上的木料价值有100万元以上,主人现在有意以80万脱手,请你把它买下来,两个月内保证赚一成。超出一成利润时,超出部分由我所得,如果赚不到一成时,我可以赔你一成的利润。"他又让有钱的朋友给他做连带担保,如果买方把它买下来,他就代买主销售,如此他往往以买价两倍左右的价格脱手。对买主来说,两个月就有一成的利润,而一成利润比一年的银行利息要多得多,而且有保证,安全可靠,因此找买主并不困难。

善用现有资源并不是现代才出现的,中国古代就有不少这样的高手,战国时期的张仪就是其中之一。

张仪,和别人一同跑到楚国去求富贵。但楚王丝毫不重视他们,张仪等人穷困潦倒。

那时候,楚王正宠爱着两个美人,一个是南后,一个是郑袖。

张仪就去面见楚王。见到了楚王,张仪就说:"我到这里很久了,大王还不给我事做。如果大王真的不想用我的话,请允许我离开这里,到晋国去碰一碰运气!"

"好吧,你只管去吧!"楚王满口答应。

"当然,不管那边有没有机会,我还是要回来一次的。"张仪说,"但请问大王,需要从晋国带些什么吗?譬如那边的土特产,您如果喜欢,我可以顺便带一些回来。"

楚王扫了他一眼,淡淡地说:"晋国的东西有什么稀罕的?"

"大王就不喜欢那边的美女吗?"张仪问道,"那真是妙呀!漂亮极了!晋国的女子哪一个不似仙女一样?粉红的脸颊,雪白的肌肤,头发黑得发亮,走起路来如风吹杨柳,说话娇滴滴的,简直比银铃还清脆……"

这席话引得楚王连声道:"你不说我倒忘了,那你就给我去办,多带些名贵的'土特产'回来吧!"

"不过,大王,没银两办事可就难了。"张仪说。

"那还用说,银两是少不了的。"楚王立即给了张仪很多银子,让他尽快去办。张仪领到银子后,又故意把这消息传开,一直传到南后和郑袖的耳朵里。两个人一听,大为恐慌,急忙去贿赂张仪,让他不要给楚王带什么美女,免得动摇自己的地位。

这样,张仪又捞了一笔。

张仪要去晋国了,他在向楚王辞行时说:"我这一次到晋国去,路途遥远,交通不便,不知哪一天可以回来,请大王赐我几杯酒，给我壮壮胆吧！"

楚王同意了，还特意把最宠爱的南后和郑袖请了出来，轮流给张仪敬酒。

张仪一见，"扑通"一声跪在楚王面前，说："请大王把我杀了吧，我欺骗大王了。"

"为什么？"楚王惊讶不已。

张仪说："我走遍天下，从未见过有人长得比大王的这两位贵妃更漂亮。过去我对大王说过要去找'土特产'，那是没有见过贵妃之故，现在见了，觉得把大王给欺骗了，罪该万死！"

楚王松了口气，对张仪说："我以为是什么呢！那你不必起程了，也不必介意。我明白，天下根本就没有谁比得上我的爱妃，是不是？"这样，张仪讨好了南后和郑袖，引起了楚王的注意，还从中捞了不少银子。

谁说要想得到鸡蛋，就必须有一只肥母鸡呢？在对有限财富的争夺战中，善用现有资源的成功案例比比皆是。不用花一分本钱，就能让你赚得盆满钵满，这就是善用现有资源的好处。相较于用力气赚钱、用钱赚钱，用脑子赚钱，可以说是最上乘的赚钱之法了。不仅是赚钱，做别的事情也应该是这样，善于利用资源，在纵横捭阖中谋取利益，这是最高的智慧。

老人言

磨刀不误砍柴工

做一件事的准备活动是非常重要的,一个良好的准备过程可以让事情做起来更加得心应手,甚至会达到事半功倍的效果。"磨刀不误砍柴工",不要去吝啬那短短的磨刀时间,殊不知就是这短短的磨刀时间却能够给你带来更多的惊喜。

"磨刀不误砍柴工"表面的意思是在刀很钝的情况下,就会严重影响砍柴的速度与效率,在砍柴前虽然会浪费一些时间来磨刀,而致使不能立即去砍柴,但一旦当刀磨得很快,砍柴的速度与效率会大大提高,砍同样的柴反而用时比钝刀少。

从前有一个年轻人,他跟着一个砍柴很久的师傅搭档,每天都一起进山砍柴。在每天上山砍柴之前,老师傅都会把斧子磨一磨,并还教育他砍柴之前最好要把斧子好好地磨一下。但是这个年轻人总是太心急,他认为磨斧子是一件很浪费时间的事,他认为如果把磨斧子的时间用在砍柴上就能够砍更多的柴。于是他就抱着这个思想每天都和老师傅一同上山砍柴。

刚开始,他的确是比老师傅砍得快,还砍得多。他心里沾沾自喜,觉得自己比老师傅还厉害,他觉得自己认证了磨斧子是没有用的想法。

第二天,他还是不磨斧子,早早地就进山了,并且劝老师傅也不要再浪费时间磨斧子，快点一起进山。老师傅却不为所动，依然认真地磨着自己的斧子。

结果，这一天年轻人和老师傅砍的柴是一样多。回到家以后，年轻人很不服气，他认为自己之所以砍得少是因为自己今天没有力气的缘故，并暗下决心明天一定要比老师傅砍得多。第三天，年轻人起得很早，在老师傅刚刚起来，还没有磨斧子的时候就进山了，并加倍地努力砍柴，他想要砍得比老师傅多，于是砍得比前两天还要卖力。但遗憾的是，他累了一整天，却比前一天还少。

回到家里以后，他觉得非常沮丧，甚至连饭也吃不下去了。老师傅看到了他的困惑，就过来开导他。对他说："年轻人，你想知道为什么你砍的柴越来越少吗？你想知道你砍柴为什么越来越吃力吗？"

年轻人非常想知道其中的原因，于是很认真地听着。老师傅语重心长地对他说："年轻人，干事情不能那么急躁，砍柴之前一定要磨好斧子，不要害怕浪费磨斧子的那点时间，当你把斧子磨好之后你就会更快地砍柴了，这就叫作'磨刀不误砍柴工'。"

年轻人听完以后将信将疑，于是他就决定听一次老师傅的话，并在明天验证一下。

于是，第四天早上，他没有早早地出发，而是和老师傅一起磨斧子，一直把斧子磨得又快又光之后才去砍柴。

老人言

结果令他欣喜的是,他又恢复第一天的水平。

在现实生活中,每个人都应该充分重视准备活动的重要性。所谓"工欲善其事,必先利其器"就是这个道理。如果平时不勤奋地"磨刀"而只是迫不及待地去做事情,等机会来临时就会发觉自己的能力远远不够,基础非常不扎实,这样的话再怎么临时抱佛脚,恐怕也已经晚了。

因此,我们应该注重自己平时的积累,注重做事情前的准备活动,为接下来做事情打下一个良好的基础。

一对隐居山野的夫妇,长年以来,他们都过着远离都市,自由自在的生活。

一天中午,妻子突然想要吃鱼,于是吩咐丈夫利用下午的闲暇时间去河边钓鱼,这么一来,晚餐时就可以吃到新鲜、美味的炖鱼了。

妻子在家里盘算着晚上的鱼的做法,一面做准备,一面催促着丈夫赶紧去钓鱼。

丈夫就拿着渔竿出去了,傍晚时,丈夫却才垂头丧气,两手空空地回到了家里。妻子看到丈夫一副狼狈的模样,就焦急地问:"你怎么一条鱼也没带回来呢?"

丈夫一边擦汗一边说:"别提了,现在的鱼实在是太狡猾了,我在河边等了一个下午,不但没有钓到半条鱼,鱼饵还被吃光了，简直把我给气死了。"

妻子听了半信半疑，这条河的鱼非常多，怎么突然间连一条鱼也钓不上来呢？

于是，她拿起了渔竿，仔细地看了看后说："难怪呢，鱼钩都已经直了，怎么可能钓到鱼呢？你怎么连这都没发现呢？怪不得蹲了一下午一条鱼也没钓到，这个鱼钩根本就没有作用了，你还是赶紧换上一个新鱼钩吧，这样就会钓到鱼了。"

丈夫没有找出问题的症结，因此忙碌了半天，只是徒劳无功。纵使付出了再多的力量，他也不会钓到鱼的。

要办成一件事，不一定要立即着手，而是先要进行一些筹划、进行可行性论证和步骤安排，做好充分准备，创造有利条件，这样会大大提高办事效率，做事情前一定要事先做好充分的准备，只有做好充分的准备才能使工作效率更高，做事速度更快。正所谓"兵马未动，粮草先行"，有了可靠的保障后，做事情就会胸有成竹了。

求人不如求己

每个人都会遇到这样或者那样的事情，每个人都会有求于别人，但是我们不能总是靠着别人的力量来完成一件事，而且别人也不会帮助我们完成每一件事。这就要求我们做事情时仍要靠着自己的力量去努力完成，而不是一遇到问题就寻求别人的帮助。所谓"求人不如求己"，别人不可能总会为你做好每一件事，事情终究是你的，最终仍要凭借着你自己的能力去完成。

别人的帮助有的时候可以为我们开辟一条新的道路，让我们更加顺利地渡过难关，解决问题，但我们绝对不能过分依赖着别人的帮助，别人的帮助只能起到辅助的作用，而真正起到主导作用的还应该是我们自己。一个人如果把别人的帮助看得太过重要，久而久之，他的做事能力就会严重下降，而每当出现问题时，他首先想到的不会是靠着自己的智慧和力量去解决问题，而是去寻求别人的帮助。慢慢地，他就会严重依赖别人的帮助了，这样他就对自己更没有信心了。

佛印禅师和苏东坡是至交，他们两个人经常在一起参禅论道、游山玩水。

有一天，他们出去游玩，在路过杭州的中天竺寺时，两人便进去参礼。

当他们礼拜完毕后，苏东坡看着千手观音菩萨手中持着的念珠，就问佛印道："禅师，观音既是菩萨，为什么还要数手里的那串念珠呢？"

禅师答道："她也像凡夫们一样在祷告啊。"

苏东坡很是不解地问道:"她向谁祷告呢?"

禅师笑着答道:"呵呵,她当然在向观音菩萨祷告呀!"

东坡又追问道:"她自己不就是观音菩萨嘛,为什么还要向自己祷告呢?"

佛印接着笑了笑,说道:"求人不如求己嘛!"

另一则关于观音菩萨的故事是这样说的:

有一个人在路上行走着,突然天空下起了大雨。这个人于是就在屋檐下躲雨,这时他看见观音打着雨伞在雨中走着。于是他对打着雨伞的观音说:"观音度我一度。"观音说:"你在屋檐下,我在雨中,谁能够度谁呢!"这个人听观音这样一说,就从屋檐下走入雨中。然后他对观音说:"现在我也在雨中了,请观音度我一度吧"。观音说道:"你在雨中,我也在雨中,只不过我手中有伞,你手中没伞。你应该要伞度你,而不是叫我度你。"

这个人听了观音的话后非常郁闷,很无奈地回家去了。

连一向普度众生、救苦救难的观音菩萨都在向着自己祷告,劝诫别人要靠自己的力量做事情,可见人最终还是要靠自己啊。

求人不如求己,做事情的时候,我们应该先问一问自己是否可以做,然后我们再努力地靠自己去完成,而不是一有问题就去寻求别人的帮助,请求别人伸出援助之手。如果一个人,从来都不相信自己,可以磨炼自己、发展自己,让自己做自己的救世

老人言

主，那他还能做什么呢？对自己都没有信心的人，还能指望别人能帮得了多少呢？一味地否认自我，寄希望于他人，这个人就永远无法在竞争中占据主动，而只能受制于人。

海伦·凯勒来到时间才16个月，猩红热就夺去了她的视觉、听觉和语言能力。失去了思维依托的海伦智力十分低下，她既看不到五光十色的世界，也听不到山鸣谷应，更无从表达她内心的忧郁，但她硬是凭借着惊人的毅力，踏踏实实、一点点地学习，终于有所成绩。她不仅练就了正常人的思维能力，还创造了常人难以达到的辉煌。她掌握英、法、德、希腊和拉丁语，还发表了大量的文学作品，使得她成了全美国最受尊敬的文学家、教育家。

当有人问她："是什么让你这样坚持地走下去？"她只是淡淡地说道："因为我一直告诉自己，不管遇到多大的困难，只有自己才能拯救自己。"

海伦·凯勒从来都没有向命运低头，她没有乞求别人的帮助，而是靠着自己的力量一点点的让自己走向成功，从而使自己的人生绽放出了夺目的光芒。

从美国哈佛大学毕业的女学生布露柯·艾莉森成为哈佛大学的第一位四肢瘫痪的学生。

21岁的艾莉森在7年级开学的第一天就发生了严重的车祸，在那次车祸里她几乎丧失了自己的性命，但是她在医院里昏迷了36小时后竟然奇迹般地苏醒过来，然而她的四肢却全部瘫痪。她醒后首先想到不是关心自己怎么样了，而是急切地询问什么时候可以去上学，她甚至还在担心功课是否会被落下。尽管她已经瘫痪了，但是不服输的精神点燃了她希望的火焰。此后，她以优异的成绩从哈佛大学毕业，并取得心理学和生物学两个学士学位。面对四肢瘫痪这种常人难以想象的痛苦，她仍无比坚毅地说："这就是我的生活，我一直感到，不管我所面对的情况如何困难，我都应该坚持下去，只有自己才可以拯救自己。"

因此，我们应该去借助自己的力量与智慧不断提高自己，脚踏实地地做好每一件事，为自己去奋斗，努力挖掘出自己最大的潜力，只有通过这样不断地努力与磨炼，才能够让自己在面对问题时信心百倍，并可以自信地达到成功。求人不如求己，一定要树立信心，坚定信念，变被动为主动、寄希望于自我才是最可靠、最有利的成功法则。

给自己一点点信心吧，要坚定自己的信念。遇到困难时咬紧牙关对自己说："我能做到，我可以的，我不能依赖别人的帮助，我自己帮助自己……"只有这样，才能在困难面前面不改色，自信十足。人的潜力是巨大的，相信自己，把自己潜藏的力量激发出来吧，你会发现，没有别人，每一件事情依然可以凭借自己的力量很好地完成。

第五章

成功创业：人凭志气虎凭威

——经营自己，创造无愧无悔的事业

不怕无能，就怕无恒

人的一生会遇到各种各样的困难，同时人与人的能力也是有差别的，这就决定了每个人做事情的方法和思路是不同的。智商较高的人能够轻而易举做成的事情，也许对稍微笨一些的人来说就是非常棘手的问题。有的人常常会抱怨自己比别人笨，别人能够做好的事情自己却怎么也做不好。其实大可不必这样想。古人曾说，"勤能补拙"，如果你比别人笨的话，那么你就要付出比别人更多的努力，坚持不懈，奋战到底。"不怕无能，就怕无恒"。

有恒心的人往往能够获得别人不能获得的成就，他们也许并不聪明，甚至于比别人差很多，但是他们相信只要努力就会有回报，只有努力才能够让自己成功。传说太阳神炎帝有一个小女儿，名叫女娃，是他最钟爱的女儿。炎帝不仅管太阳，还管五谷和药材。他事情很多，每天一大早就要去东海，指挥太阳升起，直到太阳西沉才回家。炎帝不在家时，女娃便独自玩耍，她非常想让父亲带她出去，到东海太阳升起的地方去看一看。可是父亲总是忙于公事，没有时间带她出去。女娃挨不住寂寞，终于有一天，女娃便一个人驾着一只小船向东海太阳升起的地方划去。不幸的是，海上起了风暴，像山一样的海浪把小船打翻了，女娃被无情的大海吞没了，永远回不来了。炎帝十分痛惜自己的女儿，但却不能用医药来使她死而复生，也只有独自神伤嗟叹了。

女娃死了，她的精魂化作了一只小鸟，发出"精卫、精卫"的悲鸣，所以，人们又叫此鸟为"精卫"。精卫痛恨无情的大海夺去了自己年轻的生命，她要报仇雪恨。因此，她一刻不停地从她住的发鸠山上衔了一粒小石子，或是一段小树枝，展翅高飞，一直飞到东海。她在波涛汹涌的海面上飞翔，悲鸣，把石子树枝投下去，想把大海填平。精卫飞翔着、鸣叫着，离开大海，又飞回发鸠山去衔石子和树枝。她衔呀，扔呀，成年累月，往复飞翔，从不停息。

姑且不谈精卫有没有可能把大海填平，光是她的这份决心就足以让人对她肃然起敬。只要有恒心，世界上就不会有什么可以阻挡一颗勇敢的心。

不要在抱怨自己没有别人聪明了，更不要把自己不如别人当作自己做不好事情的借口，再聪明的人也需要去努力奋斗，去不断提高自己。

如果你比别人笨的话，那么你就更应该去努力，只有用你的勤奋去弥补你的不足，你才能跟上别人的步伐。如果你只是每天抱怨着各种事情，那么你就会被别人越拉越远了。不要怕自己无能，只怕自己缺少恒心。虽然聪明但是却没有毅力，最后仍会一事无成。而如果你有坚持不懈的精神，即使再笨，你也会凭着自己的努力实现你的目标的。

铁匠没样，边打边像

俗话说"铁匠没样，边打边像"，意思是说打铁的时候，没有样本去参照，而是一边打铁，一边调整铁的形状。做事情的时候，我们同样也应该像打铁一样，要自己亲身经历、亲自试验，在不断地探索中不断地迈向成功。

有的人总是会迷恋书本上所写的，照搬照抄别人的经验教训，这样做的结果往往会不尽如人意。别人的经验固然好，但那毕竟是别人的经历，百闻不如一见，只有自己去亲身经历一下，不断地摸索，这样才会使自己获得想要的知识和经验。

传说中在神农氏那个年代人口已经繁衍得非常多了。然而，仅仅靠打猎已经养活不了那么多的人了，因此氏族中经常有人因为食物不足而生病甚至饿死，食物成了人们生存的最大困难。

神农氏看到部落中的人们因为缺少食物而死的死、病的病，不由心中焦急万分。"怎样使部落里的人不再挨饿呢？怎样使部落里的人能够吃到足够的食物呢？"神农氏在山路上一边走一边想着。这时满山茂盛的植物进入了他的眼帘，树上各种果实招来了鸟类，山上的草丛引来了野鹿、山羊。看到这里他突然想着："这些树木的果实、茎叶不是可以吃吗？那些动物不就是靠吃这些东西生存的吗？"于是，神农氏决定亲口尝一尝各种野生植物的滋味，以确定哪些能吃或不能吃，哪些好吃或不好吃。

他采集了各种植物的果实、种子和根、茎、叶，然后一样一样地亲口去尝。尝过后，神农氏发现有些东西味道甜美，非常好吃；而有些东西却又苦又涩，尝过以后就再以不想碰它；还有些东西味道虽然尝起来不错，可吃下去后不是腹痛难忍，就是让人头昏眼花，甚至还会出现昏厥的情况。这些冒着生命危险得到的知识和经验，神农氏都一一地记录了下来。

老人言

神农氏并没有被困难和危险吓退,他为了多找到一些食物每天都亲尝各种植物,从他的记录里,部落的人们开发出了很多种可食用的植物,从而大大地解决了人们的生存问题。然而神农氏还不满足,当他看到人们为了采摘这些植物,有时要冒非常大的危险,就又开动脑筋寻找解决的办法。神农氏通过观察发现,人们吃完扔在地上或自己长熟落在地上的瓜子、果核,到第二年竟然又会发出新芽,长出新的瓜蔓和植株。后来他又发现天气、土地对植物有很大的影响。于是他针对天气的情况和不同类型的土地,指导人们对植物进行人工培植,收集植物的果实种子作为食物,从而使得人们减少了找食物的危险,并使得食物更加的多了。

神农氏尝百草的传说,反映了先民在同自然做斗争的坚强意志。他们在这一斗争过程中,经过了一代又一代人们的尝试,从一次次的失败中取得经验。神农氏更是冒着生命危险亲尝百草,不断地去尝试着,在这样的过程中,他从一无所知到懂得很少到懂得较多,逐渐增加了对植物的认识,从靠天吃饭发展到利用天时、地利来使生活变得安定,最后才取得了成功,让人们的生活更加的安定,稳当。

想知道梨子的味道就一定要自己去亲自尝一尝,别人的描述永远也不会比自己的真实体验更准确。做事情时也要亲自去尝试，不要迷恋前人所说的一切，只有自己去做了，然后在做的过程中不断地摸索、探究，才会使自己深有体会。

李时珍是我国伟大的自然科学家、医药学家。他为我国的医学发展做出了巨大的贡献。李时珍出生在一个医生的家庭。他从小就体弱多病，总是在与疾病做斗争。因此他立下志愿，一定要熟读医书，解除天下人的疾苦。但是，在读书的过程中，李时珍却发现医书中记载的许多药性和功效与疗效是不相符的，而且还存在非常多的错误，这导致很多的病人因为得不到正确的救助而丧失了性命。于是，李时珍暗暗地下定了决心，一定要亲自尝试，以此来改正医书中的错误。

有一次，李时珍听说均州（现在湖北省均县）的太和山上有一种非常少见的果子叫榔梅，人如果吃了就可以长寿。于是李时珍就决定亲自去看看，这一天他来到太和山，在半山腰一座庙里休息。看庙的老头见到他就上前和他闲聊，而当听他说要上山采榔梅时，老头就小心地对他说："你可不能去啊！因为当今皇上已经下了命令，榔梅只能由皇家来采。谁要是采了，是会被杀头的！"李时珍听后非常生气地说道："榔梅是天生的果树，又不是皇上自己种的，为什么不允许我们老百姓采摘？我一定要弄几个回去，看看到底是什么果实，看看它到底有多大功效。"老头见他如此执着，只得摇摇头地走了。

老人言

当天夜里，李时珍趁着月色偷偷从小路溜到了山上，终于采到了几个榔梅，并且还连枝带叶的折了好几枝，然后连夜下山去了。

回到家后，李时珍急忙拿出来榔梅然后非常仔细地研究，这时他才知道原来榔梅是一种榆树类的果实，根本不是什么"仙果"。说吃了能长生的话语，完全是骗人的。

李时珍的医药功效全都是经过他的考察试验得来的，他每一次找到一种可能有医药价值的东西后，总是会仔细观察并分析药材的知识。什么河豚的肝脏有毒，刀豆对治打嗝有很好的功效等等，他都是这样学来的。李时珍觉得民间有一个取之不尽、用之不竭的医药宝库，因此无论走到哪里，都会认认真真地向老百姓学习。他的足迹踏遍了江西、江苏、安徽、湖南、广东，行程不下万里。

李时珍非常重视直接经验。他曾经亲自下过煤窑，到过炼铅、炼汞的作坊，研究工人的中毒现象和职业性疾病。他把许多植物连根采回来仔细研究并同其他植物作比较，从而发现了许多前人没有涉及和介绍不够科学的医学道理，为医学的发展做出了无与伦比的贡献。

在30年间，李时珍记下了几百万字的笔记，然后经过他一遍又一遍地修改、整理，最后剩下了一百多万字。这时候，李时珍已经 61 岁了，但他仍然不知疲倦地加工整理。他的儿子、孙子、徒弟被他的毅力打动了，于是全都加入其中，帮他抄写、画图，他自己又反复校订，终于著成了举世闻名的中药巨著《本草纲目》，成为我国医药史上最重要的著作之一。

李时珍为了修改整理医药书籍中的错误，自己亲身去体会、去试验，摸着石头过河，反反复复地尝试着，终于著成了中药巨著《本草纲目》，从而为我国医药事业贡献了他的一份力量。

"铁匠没样，边打边像"，我们一定要有探索精神，而不能一味地迷恋书本和前人的话语，因为只有去亲身经历所想的才会对其有更好的认识。

大胆天下去得，小心寸步难行

做事情就应该大胆地去做，而不能畏首畏尾，缩手缩脚的。事情的变化往往会超过计划的预期，当面对预料之外的情况时，你是选择犹豫不前呢，还是选择抓住时机、当机立断呢？请记住这句话："大胆天下去得，小心寸步难行。"

武则天是中国古代的唯一一位女皇帝。她自幼聪慧伶俐，善于表达，胆识超人。父亲深感她是可造之才，于是就教她读书识字，使她通晓事理。

老人言

贞观十一年（637），14岁的武则天因为长相俊美而被选入宫中，受封为"才人"。入宫之后，武则天行事干练，非常善解人意，再加上她姿色娇艳，于是颇得唐太宗的欢心，于是赐号"媚娘"。不久后，太宗又发现武则天学识非常好，并且懂礼仪，便把她从侍穿衣着的行列，调入御书房侍候文墨。这一变化使武则天开始接触皇家公文，了解了一些宫廷大事并能让她读到许多不易得见的书籍典章，她的眼界越发的开阔了，她也日渐通晓官场政治和权术了。

贞观二十三年（649）太宗驾崩，按照当时宫廷的规矩，武则天被送进感业寺（供奉太宗灵位之处）出家，不许再度婚配。李治为太子时，曾与武媚娘私情甚笃，太宗忌日的时候，李治到感业寺上香和武媚娘不期而遇，于是旧情萌发。适逢宫内王皇后正与萧淑妃争宠，武则天意外受益，成了王皇后对付萧淑妃的一张牌而得以进宫，并得到李治宠爱。高宗即位两年后，把武则天从尼姑庵接出，封为昭仪。

没过多久，高宗害了一场病，成天感觉头昏眼花，他看武则天非常能干，又懂文墨，索性就把朝政大事全交给她管了。

由于武后处理政务有章有法，不像高宗那样犹豫不决，因此让群臣非常佩服。

公元683年，唐高宗李治病故，武则天先后把两个儿子立为皇帝——中宗李显和睿宗李旦，但是两人都不让她满意。于是她就废了中宗，软禁睿宗，自己则以太后名义临朝执政。

太后执政立刻遭到一些大臣和宗室的反对，但是都被武则天一一镇压平息，全国恢复了安宁，从此也没有人再敢反对她了。武则天巩固了统治之后，又不满足太后执政的地位。于是她决心称帝。

公元690年，武则天自称圣神皇帝，改国号为周。至此，她就成了中国历史上唯一的女皇帝。这年她67岁。

武则天前后执政近半个世纪，上承"贞观之治"，下启"开元盛世"，历史功绩昭然于世，但是过失错误也不可饶恕，总的来说她的成绩是值得肯定的。

武则天改唐为周长达15年。神龙元年（705），武则天被迫让位给庐陵王李显，由于特殊原因，又恢复了唐王朝统治，自己想当一个王朝创始人的志愿就此落空。

这个中国历史上唯一的女皇帝，给自己的身后立了一块"无字碑"，她不愧是杰出政治家，她明白历史功过自有历史去做出评判。

中国的皇帝全部都是男性，这也是中国古代男尊女卑思想的重要体现，但是偏偏出现了武则天这样一个大胆的女人，她敢于做大事，她敢于打破常规，她敢于用自己的力量去治理一个广阔的国家。就是因为她敢于做事，才使得唐朝出现了盛世的局面。如果她害怕别人的质疑而不去称帝，那么中国历史就缺少了她的壮丽。

在一次拍卖会上，有大批的脚踏车等待出售。当第一辆脚踏车开始竞拍时，站在最前面的一个不到12岁的小男孩抢先出价："5元钱"，可惜，最后这辆车被出价更高的人买走了。

紧接着，另一辆脚踏车也开始拍卖，这位小男孩又出价5元钱，但是脚踏车还是被别人买走。接下来，他每次都出这个价，而且不再加价。但是，5元钱毕竟太少了，那些脚踏车都卖到35或40元，有的甚至卖到了100元以上。因此他几乎没有机会得到一辆脚踏车。

暂停休息的时候，拍卖员问小男孩为什么不出高价竞争，小男孩无奈地说："因为我只有5元钱。"

不久后，拍卖继续，小男孩还是给每辆脚踏车出价5元，他的这一举动引起了所有人的注意，人们交头接耳地议论着他，经过漫长的一个半小时后，拍卖会快要结束了，只剩下最后一辆脚踏车，是非常棒的一辆，车身光亮如新，令小男孩怦然心动。拍卖员问道："有谁要出价吗？"这时，几乎失去希望的小男孩犹豫不决，他知道这辆车是最好的一辆，5元钱肯定买不了的。但是他还是抱有一点点希望。可是面对众人的议论，他实在是没有信心喊出来，他犹豫不决，始终不能大胆喊出来。

他的心里仿佛过了一个世纪那么长，他真的喜欢那辆脚踏车，于是他咬咬牙鼓起勇气大声地说："5元钱。"

拍卖员停止了叫价，静静地站在那里，观众也默不作声，没有人举手喊价。静待片刻后，拍卖员说："成交！5元钱卖给那位穿短裤、白色球鞋的小伙子。"这时候观众纷纷鼓掌。

小男孩脸上洋溢着幸福的光辉，拿出握在汗湿的手心揉皱了的5元钱，买下了那辆无疑是世界上最漂亮的脚踏车。

正是小男孩最后时刻大胆的喊出了自己的价格，才使得观众们感动了，最终把脚踏车让给了他。假如他最后一刻犹豫不决，这辆脚踏车最终就不会属于他了。

所以大胆地下定决心吧，大胆地去做事吧。犹豫不决的话，你会丧失掉转瞬即逝的机会；畏畏缩缩的话，你就抓不住成功的那一刻。只有大胆做事的人才可以走遍天下，那些做事情小心翼翼，畏畏缩缩的人到头来会寸步难行。

宁走十步远，不走一步险

俗话说："宁走十步远，不走一步险。"这是非常有道理的。人们在做事情的时候需要稳中求胜，要稳扎稳打，而不是为了急

老人言

于求成而铤而走险。

不要为了尽快成功而去冒险，成功不是靠冒险而得来的，相反的成功是通过一点点地做事，经过不断努力才最终实现的。做事一定要稳扎稳打，知己知彼才能百战不殆；做到成竹在胸，掌控了大局后，循着自己所想的思路去一点点的实现，只有这样才可以更好地成功。虽然说有的时候需要冒险精神，但是这并不意味着要靠着运气去做事情。为了做成某事而去冒险，结果往往是一着不慎，满盘皆输。

姚明是中国的篮球符号。他凭借着不懈的努力和自己出色的篮球技术在 NBA 打出了一片天空，姚明所在的休斯敦火箭队甚至成了中国球迷的主队，无数的人因为姚明而爱上了篮球。

火箭队的实力不是很强，尤其是替补球员表现总不令人满意。早期的火箭队主帅是范甘迪，他为了球队的战绩总是不敢重用替补球员，这使得主力球员的身体被过度使用，而过度疲劳使得伤病的概率增加。

《休斯敦纪事报》的火箭队专家弗兰·布林巴里曾经狠狠地批评了范甘迪，他对范甘迪说："你不是一个傻瓜，比赛还需要五个人之外更多的人力量！"这是在指责范甘迪在比赛中不安排替补球员上场的行为。常常还能够听到这样的批评："范甘迪是在让姚明一个人去对抗对手 5 个人！"很显然范甘迪不能把姚明当超人看，但是他的做法确是在把姚明当作超人来使用。为了赢球范甘迪不能不冒险，尽管冒险就一定会付出冒险的代价。好在姚明是全明星级别的表现，以及火箭在比赛中好运连连，也掩盖了范甘迪用人缺陷。

也不能说范甘迪是在切断自己的后路，因为火箭替补们的表现的确难让人满意。作为主教练范甘迪对此也非常窝火，但是他把一些队员禁锢在板凳上，而让姚明在球场上劳累奔波的行为确实值得商榷。姚明甚至出现了连续数场的出场时间都超过了40分钟。可以相信范甘迪绝对不想拖垮姚明的身体，但是他实际上是在冒险、是在拖垮姚明的双腿。

冒险终究会带来厄运的。在常规赛休斯敦火箭与洛杉矶快船的一场比赛中，姚明跳起想封盖快船球员的投篮，落地时，右膝下方连续遭到队友海耶斯以及对方球员蒂姆·托马斯的撞击，姚明的膝盖甚至还被托马斯的身体压了一下，倒地后，姚明马上捂着自己的膝盖，表情极为痛苦。

姚明立即被送往休斯敦的赫尔曼纪念医院，接受核磁共振检查。据球队训练师琼斯透露，姚明右腿的胫骨出现骨折，火箭方面原本估计姚明只是骨头被撞伤，出现瘀血，但实际情况要更严重一些，琼斯也表示，现在只能寄望无须动手术来治愈这次伤病。右脚膝盖下方出现骨折，姚明至少需要休战六周。没有了姚明的火箭，在这场比赛中，最终以93∶98负于快船。失败的原因来自哪里？几乎不言而喻。就是因为主教练冒险的使用姚明，使得姚明身体被累垮，那么受伤就在所难免了。假如主教练可以合理使用每一个球员，让球队稳扎稳打，而不是急于提升自己的战绩就不会出现这种情况了。

伯纳德·劳·蒙哥马利是第二次世界大战中英国的卓越将领。

1887年蒙哥马利出生在伦敦肯宁顿的一个牧师家中。1907年，他进入了桑德赫斯特皇家军事学院。他参加过第一次世界大战，并因作战勇敢而被授予优异服务勋章。第二次世界大战初期，蒙哥马利作为第3师师长成功地组织了敦刻尔克撤退。1942年，他出任英国驻北非第8集团军司令，在阿拉曼战役中打败德国著名将领"沙漠之狐"隆美尔，从而扭转了北非的战局。北非战役结束后，他率部与美军一起转战西西里和意大利，并于1944年1月升任第21集团军群司令，负责计划、组织和实施诺曼底登陆战役。1944年9月1日，蒙哥马利被授予元帅军衔，同年5月代表英国接受德国北方军的投降。1958年秋，蒙哥马利光荣退役，曾荣获各种高级勋章和外国勋章。

蒙哥马利戎马一生，征战时间长达50年，他服役的时间超过了英国的著名将领威灵顿，其卓越的指挥才能、无比的敬业精神、对战士细致入微的关心，使他在英国军界和广大人民中享有崇高的威望。人们都承认他是20世纪战争舞台上的一位卓越将领，是第二次世界大战中颇有建树的英国名将。至今，蒙哥马利指挥北非战役的铜像仍然是英国国防部广场上唯一的雕像。

蒙哥马利之所以百战百胜，是因为他从不打无准备的仗，他不会为了急于求成而冒险，他从不险中求胜，从来都不会靠运气打仗，他总是在稳中求胜，用自己有把握的方式作战。他把一切都计划好，然后稳扎稳打，让战局完全掌握在自己手上，正因为此，他才屡战屡胜，终成世界名将。

做好一件事是不能只靠运气的，就像下棋一样，下棋总会有输有赢。铤而走险，想要险中求胜往往会输得一败涂地。如果按照计划好的路子走下去，完全掌握大局，稳扎稳打，那么胜利虽然来得慢，但终究会到来的。因此，"宁走十步远，不走一步险"。宁肯一点点地有保证地向成功靠近，也不要破釜沉舟似的赌运气。

嫉妒是心灵的毒瘤

拥有嫉妒心的人是心胸狭窄的人，这样的人往往没有容人之量。无论是什么时候，千万不要嫉妒别人，因为嫉妒别人到了最后就是在害你自己，如果那样的话，你的人际关系肯定不会好的。你也会因为嫉妒别人而遭到别人厌烦的。

有嫉妒心理的人，总是在找别人毛病，会经常无端地挑起是非，但是他忘了一点，那就是他自己本身就有很多的缺点。只是他总在找别人的毛病，而忽略了他自己，这样的人，他活得就太累了。而心胸狭隘的人常常因为自己的嫉妒心理使得心生怒火。

《三国演义》中，诸葛亮才智过人，而周瑜则心生嫉妒，于是他就想方设法除掉诸葛亮。

周瑜和诸葛亮约定，如果周瑜夺取南郡失败，刘备再去夺取南郡。周瑜第一次夺取南郡失利之后受了伤。虽然随后他又将计就计，打败了曹兵。但是诸葛亮却乘机夺取了南郡等地，这样诸葛亮既没有违约，又夺取了地盘。这使得周瑜很是生气。

随后，周瑜又骗刘备到东吴，想软禁他。但诸葛亮却让刘备安然无恙地回到了荆州，并且让周瑜中了埋伏，还让士兵大声向他喊道："周郎妙计安天下，赔了夫人又折兵"。周瑜听了立刻气得吐了血。

不久，周瑜以攻取西川为名借道荆州，想趁机杀了刘备，夺取荆州。谁知他的计谋又被诸葛亮识破了，自己又被好好戏耍了一番。回到东吴后，周瑜就一病不起，临死前叹了口气说："既生对,何生亮!"然后连叫数声而亡,死时才三十六岁。

周瑜是一个非常有才华的领导者,但是他的嫉妒心太强,诸葛亮抓住了他的这个弱点,最终把他给活活气死,实在是令人感叹。

嫉妒心理是一种非常痛苦的心理,嫉妒别人的人,他们就是不愿意看到别人比自己强,持着这种心理的人往往是可悲的人,是不聪明的。真正有大智慧的人当他们看到有人比自己强的时候,他们总是会非常兴奋,然后他们就会以那个人为超越的目标,去不断地努力。这样他们在一次次的超越每一个目标后,就会让自己变得越来越强了。

战国时,赵国有一个足智多谋的上大夫叫蔺相如,还有一个英勇善战的大将军叫廉颇。有一年,秦王邀请赵王到渑池相会。酒宴上,秦王请赵王弹瑟。赵王无奈便弹了一曲。蔺相如心想,必须为赵王争回面子,于是捧起一个缸,走到秦王面前说:"大王擅长秦乐,请大王一击,以相娱乐。"在蔺相如的强逼下,秦王勉强在缸上击了一下。接着,秦国的大臣大叫:"请赵国割让出十五座城作为向秦王的献礼!"蔺相如也高喊:"请秦国把首都咸阳作为向赵王的献礼!"就这样,在蔺相如的努力下,秦国始终没能占到半点便宜。事后,赵王便封蔺相如为上大夫。

廉颇很不服气，他对人说："我出生入死，立了许多战功，而蔺相如只凭三寸不烂之舌，就官居我之上。倘若给我遇见，我一定要当面羞辱他。"蔺相如听说以后处处忍让，上朝的日子故意装病在家，以免与廉颇引起争执。

有一天，蔺相如出门，远远看见廉颇的马车迎面驶来，他吩咐仆人把车子调转方向，避开廉颇。身边的人都说他太胆小了，蔺相如一笑，问大家："你们看廉将军与秦王哪个厉害？"大家异口同声地说："那当然是秦王厉害啦。"蔺相如又道："我敢在秦国当众呵斥秦王，又怎会偏偏怕廉将军呢？只是我想到，强秦不敢侵赵，是因为有我们两个人在，我们两人要是争斗起来，敌人就要来钻空子。我不能忘掉国家的安危啊！"

这些话传到廉颇的耳朵里，廉颇很惭愧，于是光着脊背，背着荆条，到蔺相如府上请罪。廉颇开始是嫉妒蔺相如的，因此对他冷嘲热讽，后来他心生愧疚，于是就负荆请罪，不但两人和好如初，还在历史上成为一段佳话。

要消除嫉妒，就需要具有忍让精神，当看到别人比自己强时，应该要多看看人家的长处，多找找自己的短处。这样，不仅可以寻求心理上的平衡，还可以促进自身的提高。自己比别人强时，也要能忍受住别人的嫉妒。无聊的流言，不要管它由它随风而去。你嫉妒你的，我只要做好我的事情就可以了。

迈克尔·乔丹是世界著名的篮球明星，而他所在的芝加哥公牛队也是篮球史上最伟大的球队之一。乔丹除了拥有过人的球技，其心胸也是许多人无法比的。

皮蓬是公牛队最有希望超越乔丹的新秀，但是乔丹并没有把他当作自己的对手而心怀嫉妒，反而处处对他加以赞扬、鼓励。

有一次，乔丹问皮蓬："咱俩三分球谁投得好呢？"皮蓬想也不想就说："你！""不，是你！"乔丹十分肯定地说道。虽然当时技术统计显示，乔丹投三分球的成功率是28.6%，而皮蓬是26.4%。但是乔丹却对别人这样解释道："皮蓬投三分球动作更加规范、自然，在这方面他非常有天赋，我相信他以后还会更好的，而我在投三分球方面还是有许多的弱点的。"

乔丹还告诉皮蓬，自己平时投篮多用的是右手，左手只是用来辅助一下的，而皮蓬双手都能投篮，甚至左手投篮更好一些。这是就连皮蓬自己都没有注意到的细节，而乔丹却观察得一清二楚。

正是乔丹拥有如此博大的胸襟，才使得全体队员树立起了无比巨大的信心并增强了球队的凝聚力，于是公牛队取得了一场又一场的胜利，并最终造就了伟大的"公牛王朝"。

嫉妒是一种慢性"毒药"，它可以让人不辨是非，对人无端生怨，对嫉妒者自己造成身心俱损的危害。嫉妒是产生仇恨和怒火的重要根源，嫉妒会杀了自己，也会毁了他人，所以不要去拥有一颗嫉妒人的心，因为对人对己都是没有好处的。

守信者先守时

　　诚实守信是中华民族良好传统，无论古代还是现代，守信一直是评价一个人好坏的重要因素。一个诚实守信的人总是会得到别人的称赞，获得别人的认可。而一个不诚实守信的人往往会被别人唾弃，诚信守信是立人之本，一个人如果连诚实守信都做不到，那么这个人就连起码的做人条件都不具备。这样的人会被别人孤立的。诚实守信对于每个人来说都是非常重要的，做到诚实守信先要做到守时。

　　时间对每个人都是十分珍贵的，它不会因为你的需要而增加，它只会遵循它的消失规律一分一秒地失去。时间的流逝就代表着生命的流逝。有的人能够很好地利用时间，而有的人却总是在浪费。浪费时间是非常不明智的，而浪费别人的时间就更是不好的。鲁迅先生曾经说过："浪费别人的时间就无异于谋财害命。"可见守时对于人们来说是多么的重要。

　　春秋时期，鲁国曲阜有个年轻人名字叫尾生。尾生为人非常正直，他乐于助人，和朋友交往总是很守信用，因此受到了四乡八邻的普遍赞誉。

有一次，他的一位亲戚家里的醋用完了，便来向尾生借，恰好尾生家也没有醋，但是他并没有因此而回绝，而是说："你稍等一下，我里屋还有，我这就进去给你拿来。"然后尾生悄悄地从后门溜了出去，向邻居家借了一坛醋，回来对亲戚说这是自己的，并送给了那位亲戚。

孔子知道这件事后，批评尾生为人不诚实，弄虚作假。尾生却不以为然，他认为帮助别人是应该的，虽然说了谎，但出发点是对的，只要帮助了人就是好的。

后来，尾生迁居到了梁地。他在那里认识了一位年轻漂亮的姑娘。两人一见钟情，并很快私订了终身。但是姑娘的父母嫌弃尾生家境贫寒，坚决反对这门亲事。为了追求爱情和幸福，姑娘便决定背着父母和尾生私奔，跟着尾生回到曲阜老家去。

那一天，两人约定在韩城外的一座木桥边会面，然后双双远走高飞。黄昏的时候，尾生提前来到桥上等候。不料，六月的天气说变就变，突然天空乌云密布，狂风怒吼，雷鸣电闪，滂沱大雨不一会就倾盆而下。接着山洪暴发了，滚滚的江水淹没了桥面，没过了尾生的膝盖。

"城外桥面，不见不散"，尾生想起了与姑娘的誓言。他环顾四周，仍然不见姑娘的踪影。但他仍然寸步不离，死死地抱着桥柱，最后终于被活活淹死。

而姑娘因为私奔的念头被泄露，就被父母禁锢家中，不得脱身。直到半夜她才找到机会逃出了家门，她冒雨来到城外桥边时，此时洪水已渐渐退去。这时姑娘看到了紧抱桥柱而死的尾生，伤心欲绝。她抱着尾生的尸体号啕大哭，哭罢，便相拥纵身投入江中。

尾生为了遵守自己的誓言，死死地守在桥下，甚至不惜性命等待着自己的心上人的到来，最终被淹死在桥下，他的守信守时的精神实在是令人感动不已。

守时对于每个人来说都很重要，不论是对待熟悉的人还是陌生的人。守时是对别人最起码的尊重，也是你诚意的表现。虽然守时非常重要，但是在生活中，往往会有很多人做不到守时。而不能守时往往会让等待的人感觉很恼火，也往往会因此耽误很多的事情。

有一个赴德的考察团要去参观奔驰公司。他们在出国前就已经联系好了所有的事务。他们的原计划是下午两点出发，而德方的接待人员在一点半来接考察团成员。

但是，到了参观的那天，德方的接待人员在约定时间前就已经到达了酒店，而当大家在约定的时间里碰头的时候，发现仍然还有三个人没有下楼。打电话去催，两个人表示马上下来，而有一个人却说要方便一下，值得一提的是，这个人正是考察团的最高领导。

在焦急的等待了5分钟之后，德方的接待人员表示不能再等了，如果考察团仍然要参观的话就得马上走了。但是考察团成员表示，等到团长一来就立刻走，而且不会花费太久的时间。但是德方代表坚决不同意，他们非常抱歉地表示："对不起，这次的参观只能取消了。"然后转身就走了。

在他们的眼中，方便的问题是属于个人问题，既然是个人问题就应该在属于自己的时间内解决，而不是在约定好的时间里让大家都等待，浪费别人的时间，这是不守信不守时的表现，是不能被容忍的。

守时是一种美德，也是对别人的礼貌和尊重。守时，应该成为一种习惯和责任。只有做到守时的人才能赢得别人的尊重，也才会有成功的机会。守时，不仅可以节约自己的时间，也能够为自己赢得一个又一个的朋友，赢得一个又一个的机会，它的重要性是无可比拟的。因此人一定要守时守信，一个连守时守信都做不到的人，还能要求别人信任他吗？一个连守时守信都做不到的人，还可以指望他多少呢？

每个人的时间都是无比珍贵的，所以一定要珍惜自己的时间，更要在乎别人的时间，所以一定要在约定的时间做好约定的事情，只有这样才会得到别人的认可，获得别人的信赖。

守时是一种美德，更是对别人的尊重和自己真诚的表现。因此，学会做到守时吧，因为只有守时的人才能得到别人的信任。

保持谦逊才能邂逅成功

世界上没有十全十美的人，我们每个人都应该正确地认识自己，不但要认识自己的优势和长处，更要了解自己的劣势和短处。俗话说："谦虚使人进步，骄傲使人落后。"保持谦虚的人常常能够邂逅成功，而骄傲的人总是会因为自己的自负而酿成苦果。

谦虚是成功者的秘诀，更是成功者的美好品质。即使你的学习成绩很好，工作业绩很优秀，你也应该保持谦逊低调的姿态。每个人都有其自身的弱点，就是再聪明的人也不例外。别人再愚笨，也会有我们需要学习的地方。因此每个人都应该存有一颗低调谦虚的心，只有谦虚的人才会不断地进步，才会不断去努力并以此来提高自己。

梅兰芳是我国著名的京剧大师，他不仅在京剧艺术上有很深的造诣，而且还是画画的高手。他曾经拜名画家齐白石为师，向他虚心求教，每次都是礼数有加，并经常为齐白石磨墨铺纸，完全不因为自己是个著名演员而自傲。

有一次齐白石和梅兰芳一同到一个朋友家做客，齐白石先到了，他穿的是布衣布鞋，而其他宾朋则是西装革履或长袍马褂，因此齐白石显得有些寒酸，不引人注意。过了一会，梅兰芳也到了，主人非常高兴出门相迎，其余宾客也都蜂拥而上，一一同他握手。可梅兰芳知道齐白石也来赴宴，便四下环顾，寻找他的老师。忽然，他看到了被大家冷落在一旁的齐白石，于是他就让开别人伸过来的手，挤出人群向齐白石恭恭敬敬地叫了一声"老师"，向他致意问安。在座的人见到这种情况感到很惊讶，齐白石也深受感动。几天后就特向梅兰芳馈赠了《雪中送炭图》并题诗道："记得前朝享太平，布衣尊贵动公卿。如今沦落长安市，幸有梅郎识姓名。"

梅兰芳不仅拜齐白石为师，他也曾拜普通人为师。有一次，他在演出京剧《杀惜》时，在众多喝彩叫好声中，他听到有个老年观众说"不好"。戏唱完后，梅兰芳来不及卸妆更衣就用专车把这位老人接到家中，然后恭恭敬敬地对老人说："说我不好的人，是我的老师。先生说我不好，必有高见，定请赐教，学生决心亡羊补牢。"老人于是便说道："阎婆惜上楼和下楼的台步，按

老人言

梨园规定,应是上七下八,而你却为何八上八下?"梅兰芳听了恍然大悟,连声称谢。从此以后,梅兰芳经常请这位老先生观看他演戏,请他指正,称他"老师"。

俗话说"满招损,谦受益",自满的人会招来损害,谦虚的人会得到益处。

孔子是我国历史上著名的教育家,思想家。他一生留下了无数的精神财富,后世尊称他为圣人,但是他却一直保持谦虚的态度。

有一次,孔子带着学生到鲁桓公的祠庙里参观,这时候他看到了一个可以用来装水的器皿,这个器皿是倾斜地放在祠庙里。

孔子便向守庙的人问道:"请你告诉我,这是什么器皿呢?"守庙的人告诉他:"这是欹器,是放在座位右边,用来警诫自己,如'座右铭'一般用来伴坐的器皿。"孔子说:"我听说这种用来装水的伴坐的器皿,在没有装水或装水少时就会歪倒,而如果水装得不多不少的时候就会是端正的,里面的水若要装得过多或装满了,它也会翻倒的。"说完,孔子立即回过头来对他的学生们说:"你们往里面倒水试试看吧!"学生们听后就都舀来了水,一个个慢慢地向这个可用来装水的器皿里灌水。果然如孔子所说的那样,当水装得适中的时候,这个器皿就端端正正地在那里。

不一会，水灌满了，它就翻倒了，里面的水也不停地流了出来。再过了一会儿，器皿里的水流尽了，就又倾斜了，还是像原来一样歪斜在那里。

这时候，孔子便长长地叹了一口气说道："世上哪里会有太满而不倾覆翻倒的事物啊！"

欹器装满水就会倾覆翻倒，这就告诉我们一定要保持谦虚，不要骄傲自满。凡是骄傲自满的人，没有不失败的。

懂得低调处世的人，才能获得一片广阔的天地，成就一份完美的事业，更能赢得一个蕴涵厚重、丰富充沛的人生。经常看到自身的不足，就能够使自己谦虚起来；总是看不到自身的不足，而认为自己比别人聪明，就会使自己骄傲起来，而到了最后往往会为骄傲付出代价。

1929年3月14日是爱因斯坦的50岁生日。世界各地的报纸都发表了关于爱因斯坦的文章。在柏林的爱因斯坦住所中，装满了好几篮子从全世界寄来的祝寿的信件。

然而，此时的爱因斯坦却不在自己的住所里，他在几天前就来到了郊外的一个农舍里躲了起来。

爱因斯坦9岁的儿子问他："爸爸，您为什么那样有名呢？"爱因斯坦听了哈哈大笑的对他的儿子说："你看，瞎甲虫在球面上爬行的时候，它并不知道它走的路是弯曲的。而我则正相反，有幸觉察到了这一点。"爱因斯坦就是这样一个谦虚的人,名声越大,他就越谦虚。

成就越大,就越要保持谦虚,只有这样才会向着更高的目标迈进,相反地,如果获得了一点点成绩后就骄傲自满,妄自尊大,最终就会停滞不前,不会再有更高的追求,从而最终被别人超越。

所以保持一颗谦虚的心吧,只有这样你才会不停地奋斗,不停地向着人生的一个又一个的高峰攀登。

善于沟通,事半功倍

在日常生活,与人相处以及我们内在的自我成长过程中,沟通扮演着极为重要的角色,良好的沟通可以化解彼此之间的矛盾,懂得别人的真实的想法,有效地沟通甚至是你打开成功之门的金钥匙。

东汉末年,朝政失纲,天下大乱,群雄并起。董卓则乘机结党营私,不断扩充自己的实力,独霸朝纲。他先是趁势废除了少帝,并立陈留王为汉献帝,进而又夺取了前将军、相国等要职,他随意杀害大臣,弄得人人自危,都想杀掉他。可是董卓身边的勇将吕布非常的厉害,无人能敌。吕布武艺超群,勇猛过人。在董卓的利诱和收买下，他先杀死了丁原，吞并了他的军队，然后投归了董卓，被董卓收为了义子，朝夕不离左右。因此，想要除掉董卓，就必须先除掉吕布，吕布成为铲除董卓的关键所在。

司徒王允，为人忠正，又才智过人。他非常恨董卓，但是他苦于自己手无兵权，只好每天在董卓身边曲意周旋，换取信任，以等待时机杀害他。不久，他发现董、吕二人有个共同弱点，就是非常好色，于是便有了主意。

王允家中有一侍女名字叫貂蝉，长得十分俊美。王允向她倾吐了心中的想法，并晓之以大义，最终让貂蝉答应了他的离间董卓和吕布的请求。计议已定，王允便撒谎说貂蝉是自己的女儿，然后背着董卓，把貂蝉许配给了吕布。接着，王允又借故邀请董卓到家里，然后借着献舞的机会，让貂蝉假扮舞女，以艳姿美色来引诱董卓，然后又将貂蝉献给了董卓。

王允巧使连环美人计，而董、吕二人都被蒙在鼓里。貂蝉送吕布于秋波，报董卓于妩媚，使吕布、董卓的矛盾日益加剧。

有一天，貂蝉故意引诱吕布到凤仪亭私会，期间向吕布大哭，极力说董卓的坏处，使得使董、吕二人当场反目。

不久，汉献帝病愈上朝，在未央殿召集群臣。王允和吕布暗中设计，然后乘董卓上朝之机杀死了他。

老人言

一个恶主就这样毙命了。假如董卓和吕布多一份交流,面对面进行沟通,就会发现其中的玄机,那样二人就不至于反目成仇了。三国时期的历史恐怕就要更改了。

沟通可以化解不必要的矛盾,让彼此之间能够更好地了解对方的想法,这样两人就不会再因为彼此所想的不一样而出现不同的意思。

沟通会让自己更好地明白他人的真实意思是什么,能够消除自己和他人有分歧的地方,这样就使得自己和他人可以更好地沟通,更好地理解彼此之间的真实意思。

墨子有个得意门生名字叫耕柱,墨子非常器重他。但是刚开始的时候,耕柱总是被墨子批评,时间久了就耕柱就产生了不满的情绪,但是他并没有为此消极的抵触学习,而是在放学后主动找墨子去沟通。墨子很坦诚地告诉他道:"正因为你是一块可塑之材,所以我才会一再地教导与匡正你,你的错误我不能隐瞒你,而应该努力帮助你改正,只有这样你才会真正的进步。"耕柱听后,心里非常的感激,从此放下了心中的不满,认真求学,终于学有所成。

总之,学会沟通是做好事情的重要因素,如果你不了解别人的真实意思,而仅仅凭借自己心中所猜测的意思去做事情,到了最后往往会与他人的预期相左,进而出现分歧,甚至反目成仇。

因此，在交往的过程中，在做事情的时候，一定要多去沟通，只有充分地沟通后，做事情才会事半功倍。

反驳也要给别人留面子

反驳别人的观点也是一门非常深的学问。懂得反驳技巧的人往往是反对别人的观点后还会让别人接受自己的看法，而不会反驳技巧的人总是在道出自己的观点后就得罪了别人，甚至于反目成仇。因此，学会反驳别人，在人际交往中是非常重要的。

反驳是一种技术，也是一种艺术，而如何选择最有利的突破口是反驳成功的前提。学会选择最有利的突破口，就会使反驳成功了一半，不但不会伤害别人，相反地还会让别人高兴地接受你的观点。

一位政治家在演讲时，遭到了当地某个妇女组织代表的激烈指责，这些代表言辞激烈地批评他作为一个政治家，竟然不考虑到国家的形象，和两个女人发生过关系。顿时，所有在场的观众都屏声敛气，等着听这位政治家的桃色新闻。这位政治家并没有感到窘迫和难堪，而是十分轻松地对这些妇女代表说道："现在我还和五个女人发生了关系。"

这种直言不讳的回答，使代表和群众非常吃惊，迷惑不解。

老人言

然后,政治家继续说道:"这五位女士,在年轻时曾无微不至地照顾我,现在她们都已老态龙钟了,我当然要在经济上照顾她们,在精神上安慰她们,这五位女士就是我的家人。"

结果,那些代表们全部无言以对,而观众席中则掌声如雷。

面对别人的诽谤,这位政治家并没有恼羞成怒,而是机智地用幽默的口气化解了尴尬,不但反驳了别人,还为自己赢得了掌声。

在说服别人时,常常要反驳对方的无理观点。反驳不是一件难事,难的是要带着微笑反驳,让对方能够心服口服地接受你的观点。反驳需要给别人留有面子,不能直截了当地反驳,而应该抓准关键点,然后用轻松幽默或者别人可以听进去的话语进行反驳,这样既可以反驳别人的挑衅,又可以让别人接受你的思想,甚至对你佩服有加。周恩来在这方面就做得非常棒。

在一次外交部举行的记者招待会上,周恩来介绍了我国经济建设的成就及对外方针后,开始回答记者的提问。一位西方记者提问道:"请问,中国人民银行有多少钱呢?"这实际上是讥笑新中国成立初期的贫穷。

周恩来平静地回答道:"中国人民银行货币资金有18元8角8分。"听到这个回答,全场愕然,顿时鸦雀无声。

紧接着,周恩来以风趣的语调解释说:"中国人民银行发行面额为十元、五元、二元、一元、五角、二角、一角、五分、二分、一分10种主辅币人民币，合计为18元8角8分。中国人民银行是由全中国人民当家做主的金融机构，有全国人民作后盾，信用卓著，实力雄厚，它所发行的货币，是世界上最有信誉的货币之一，在国际上享有盛誉。"周恩来一语惊四座，大厅内立刻响起了听众的热烈掌声。

周恩来运用自己的机智不但化解了尴尬的局面，更为国家赢得了尊严，反驳别人的时候没有一句言辞激烈的话语，却让与会的记者非常扫兴，最后无话可说。

学会用正确的方法反驳别人，给别人留有面子，只有这样才能既不伤和气，又可以反驳了别人的胡搅蛮缠。有的时候，言语激烈并不能够让别人听进心里，相反地会让别人更加的固执，完全听不进你的观点；而掌握了好的反驳方法就不一样了，不但可以表述自己的立场，还可以有力地反驳别人的观点，最重要的是还不会让别人感到尴尬，窘迫。

1961年6月，英国已经退役了的陆军元帅蒙哥马利访问中国。有一次他在河南洛阳参观，他非常好奇地走进了一家剧院，剧院正在上演豫剧《穆桂英挂帅》。当他了解了该剧的剧情后，连连摇头，并说道："这个很不好，怎么能够让一个女人当元帅呢？"中方陪同人员连忙解释说："这是中国的民间传奇故事，人们很爱看的。"蒙哥马利立即说道："爱看女人当元帅的男人不是真正的男人，爱看女人当元帅的女人也不是真正的女人。"

中方陪同人听后非常不服气地说："我们主张男女平等，男同志能办到的事，女同志也能办到。中国红军里就有很多女战士，现在的解放军里还有很多女少将呢。"

蒙哥马利毫不退让道："我一向对红军、解放军很敬佩，但不知道解放军里还有女少将。如果真的是这样的话，真的是非常有损解放军的荣誉啊。"

中方陪同人员又反驳说："英国女王也是女的啊。按照英国的政治体制，女王是英国的国家元首和全国武装部队的总司令，这又会不会有损英国军队的声誉呢？"

听到这话，蒙哥马利顿时无话可说了。

中方陪同人员智地抓住蒙哥马利的心理很巧妙又毫不留情地反驳了他，不但让蒙哥马利无言以对，更让他无法生气，最后不得不作罢。

学会反驳，在反驳的时候给人一个台阶下，让其不会颜面扫地在人际交往中是非常有必要的。掌握好反驳的技巧，你会在交往过程中更加的主动。

人生最大的满足是付出

我们共同生活在一个星球上,我们需要彼此相亲相爱,需要彼此的温暖,需要别人的付出。只有一个互帮互助的世界才是充满人情味的世界,只有一个能够付出的世界才会是丰富多彩的世界。

这个世界是需要付出的世界,善良是人类社会必不可少的。人生的意义就在于付出,只要你真诚地对待别人,别人也会真诚地对待你。只要你抱着友善的态度去和他人相处,心里为他人着想,你周围的人也就都愿意为你做很多事,为你付出他们的力量。

有一个小男孩跟着父亲排队买票去看一场马戏。在父子俩的前面是一大家子人,这家人有6个小孩。他们衣着十分朴素,但个个都干净利落。

排队的时候,他们乖乖地跟在父母的身后。他们兴奋地讨论着即将要看到的马戏,他们的父母站在前面,母亲的手挽着父亲的胳膊,一家人显得非常的恩爱。

轮到他们买票了,售票员问那个父亲要买几张票,他扬着头非常快乐地大声说:"我们全家人一起来看马戏,我要买6张儿童票2张成人票。""100元"售票员对那个父亲说道。

老人言

"麻烦您再说一遍,要多少钱呢?"那个父亲又问了一遍。于是售票员再次重复了价格。那个父亲愣在了那里,很显然,他带的钱不够,他把手放在口袋里久久不肯拿出来。旁边的妻子也低下了头,一声不吭,场面一时非常尴尬。

小男孩的父亲看到了这一切,他悄悄把口袋里摸得发热的10元钱给拽了出来,然后把它扔到了地上,接着从容地弯腰捡起了那张钞票,拍拍前面那位父亲的肩膀,说道:"对不起,先生,我想这是您掉的钱吧?"那位父亲立刻明白了小男孩父亲的意思。他本来是无法开口向任何人乞求帮助的。那位父亲直视着小男孩的父亲,双手颤抖地握了过来,眼睛里充满了感激之情。他悄悄抬手拭去了眼角的泪水,说道:"谢谢您先生,这钞票对我和我的家庭来说实在是太重要了,谢谢你帮助了我们一家人。"

自然的,小男孩和父亲因为没钱看马戏,只能无奈地回家去了。小男孩没有看到期盼已久的马戏,但是他没有感到伤心,因为他的父亲给他上了一堂非常好的课,让他懂得了付出是多么的让人快乐。

付出的结果往往是双赢,即为别人和美好的社会做出了一份贡献,也给自己留下了一份金钱难以买到的心灵慰藉。相反地,如果只想索取而不愿意付出的话,不但别人会慢慢地疏远你,久而久之，就连你自己都会变得冷峻，变得性格孤僻，甚至与这个世界都格格不入。

"只要人人都献出一点爱，世界将变成美好的人间。"让我们像歌里唱的那样，伸出自己奉献的手，去帮助别人，付出自己的热情，换来别人的感激。让我们的心灵得到满足，让我们的灵魂得到升华。人生最大的满足是付出，付出了你才会觉得生命的多彩，付出了你才会懂得生命的意义。所以，把自己的爱心奉献出来吧，付出自己的力量，你会换来别人的感激，这才是生命的真谛。

朋友可广交，但不可滥交

人是群居性的动物，因此每个人都不能离开人群而单独的生存。人的群居性表现在每个人都需要别人的关怀和帮助，一个没有朋友的人是可悲的。一个人如果没有朋友，他就很难在社会上生存下去。没有朋友的人，他终究会被这个无情的、竞争激烈的社会淘汰。可见，朋友对于人来说是多么的重要。

每个人都需要朋友，心情好时，需要有朋友来一起分享自己的喜悦；心情糟糕时，更需要朋友的安慰和关心；有麻烦时，需要朋友的挺身而出；有目标时同样也需要朋友一道为之努力。总之，朋友是每个人的生活中必不可少的。朋友多了路才好走。

然而，朋友固然是重要的，但绝对不能说朋友越多越好。朋友可广交，但是一定不能滥交。交朋友一定要交好朋友，要交那些信得过的人，而不能交那些平时称兄道弟，一有事情就装作不认识的狐朋狗友。

廉颇蔺相如二人冰释前嫌，握手成友，共同保卫着国家的安危；马克思恩格斯二人亦师亦友，肩并肩的为无产阶级革命不断地贡献力量；许许多多的感人友情让我们赞叹。海内存知己，天涯若比邻。一个知己可以温暖一颗冰冷的心，一个好朋友可以让你重拾斗志。

在个人获取成功的道路上，自我奋斗固然必不可少，但是离开了朋友的帮助和支持，我们就会成为孤家寡人，各种麻烦、忧虑和烦闷就会接踵而来。所以，我们一定要存着广交朋友的心态，然后努力结识新朋友，不忘自己老朋友，这样路才更好走。

曾经看到过这样一个寓言故事：有一头很老的驴子，有一天它在树下吃草时遇见了一只老蜘蛛，于是它便向这只蜘蛛大吐苦水说："唉！命运真是太不公平了，我从很小的时候就开始辛勤劳作，每天都起早贪黑，没有一天懈怠过，但是即使这样，我仍然是生活困难勉强能够糊口。现在我年岁已老，正在一点点的丧失我的劳动力，唉，我命中注定是要被主人遗弃的。再瞧瞧你，我从来没见你劳作过，你却衣食丰足。就是现在老了，你仍不愁吃喝，总会有落网者送来美味佳肴。不是说天道酬勤吗？不是说一分耕耘一分收获吗？可是现在为什么是这个样子呢？这世道为什么这么不公平！"

老蜘蛛听了驴子的话回答道："你说我没有劳作，这是不对的。我年轻的时候，每天饿着肚子，日复一日地织着我的这张网。织好后，我才能够靠着这张网生活，这张网不会因为我年老了就失去作用，因此我虽然年事已高，但是生活不愁。如果我也像你一样靠着我这几条纤细的腿来生活，我就会过得比你还惨。"

驴子固然艰辛，它任劳任怨的工作，从来都不懈怠。但是到老了也会落下一个不好的结果。虽然蜘蛛现在享受着安逸的生活，但那是因为他年轻时积累了资本，靠着这个资本他完全可以过一个幸福的晚年。

在人类社会，蜘蛛织的那张网就代表了朋友圈。在人群中有很多像驴子一样不怕吃苦的人，他们每天辛勤工作，不怨天不怨地，很少去交际、去沟通，然而他们的生活往往过得不是很好。然而还有很多像蜘蛛一样的人，他们懂得朋友的重要性，他们总是为自己织着对自己有益的网,为自己扩大人脉,然后朋友之间互帮互助,从而使得自己有了很好的生活资本,使得自己的生活更加轻松。

在现代社会中,人与人之间的交往变得越来越频繁。在社会这个大舞台上,一个人如果想要生存和发展下去就必须善于与他人建立良好的关系,必须以交朋友的心态为人处世。否则,缺少朋友、脱离社会,就会让你寸步难行。

但是,交朋友一定要慎重。好的朋友当然是一个人的财富,然而一个坏的朋友就会是你的心灵腐化剂了。知心朋友有一个就足矣。高山流水遇知音,俞伯牙钟子期二人互相倾慕,珍惜彼此的情谊,为世人颂扬。每个人的思想、生活方式都是不同的,这就决定了很难有非常投机的朋友,而得到知音就更不容易了。所以,不要认为朋友是越多越好的,拥有一两个知心的朋友,你就很幸福了。

交朋友一定要看清对方的底细,思索对方是不是值得交朋友的人,而不是秉承多多益善的原则而滥交朋友。俗话说"近朱者赤,近墨者黑"。朋友之间总是相互影响的,物以类聚,人以群分。如果你和品质高尚、富有修养的人交朋友,你自然就会受到其熏陶,从而促使你往更好的方向发展;相反地,如果你和品质低劣、不三不四的人保持频繁的往来,不久你就也会慢慢地染上像他们一样的恶习，甚至变得比他们还糟糕。因此，交朋友时，不光要看他与你的共同点有多少，还要看他为人的准则。总之一句话，交朋友万万不可疏忽大意。

朋友可广交，因为朋友越多，你能够得到的帮助和支持就越多。朋友不可滥交，交朋友一定要讲求原则，要明白什么人值得交朋友，什么人最好离他远一些。交朋友就一定要交那些有志向的、讲义气的人，只有这样的人才会促进你自身的进步。那些每天拉着你沉醉在酒桌上，总是拍胸脯、打包票，总是对你发出豪言壮语而当你需要帮助就消失不见的假朋友，就一定不能结交，因为他们只会阻碍你前行的路。因此一定要记住，朋友不在多，知己一个就好，朋友可以广交，但绝对不能滥交。

头脑要比手脚更勤快

人们在做任何事情的时候都应该付出自己辛勤的努力。但是，想要做成一件事并不能仅仅靠着手脚的勤快，而更应该活动自己的头脑。头脑一定要比手脚更勤快，因为如果只是一味盲目地努力，而没有动脑筋的话，事情就不会很轻易地完成。

思路可以决定出路，做事的时候多动动脑筋，往往就能够开出一片新的天地。做任何事情之前都要养成先思考的习惯，思

老人言

考目标、做事的步骤以及可能出现的问题,然后想出周全的解决方法,这样在每一个阶段出现的任何情况,你都可以很从容地面对,而不会出现遇到问题就手足无措的情况了。

鲁班是我国建筑业的鼻祖,他的一生发明过非常多的方便实用的工具,锯子是他的伟大发明之一,而锯子的发明就源于他的善于思考。

鲁班是一个工匠,因此他经常到山上去寻找木材。在路上的时候,他看到工人们一斧头一斧头十分费力地砍着树,觉得他们实在太辛苦了。于是他就想:"我能不能发明一个新的工具来代替斧头,让砍树更省劲呢?"这个念头就一直在他的脑子里不断盘旋着。

有一天,鲁班又上山去了。当他在爬一段非常陡峭的山路时,突然滑了一下。情急之下,他伸手抓住了路旁的一丛茅草,这时他感觉到自己的手指被什么东西划破了,他打开手掌一看,鲜血都渗出来了。于是他俯身凑到茅草跟前仔细观察,只见茅草的边上有一排细细的利齿,而正是这些玩意儿把他的手指划破了。突然间,鲁班脑中灵光一闪,他一下子想到了制作新工具的灵感。这些天来他一直在思考用什么东西可以代替斧头砍伐树木。他想,这么细小的茅草都能将皮肉划破,那么应该也有东西可以将树木轻易砍倒。鲁班兴致一来,便忘了自己手掌的疼痛,他扯起一把茅草仔细地观察，他用草边在手背上轻轻一割，手背居然很轻易地被割开了一道口子。鲁班若有所见地站了起来，他想："何不让铁匠打制一些边上有锯齿的铁条，然后让人们把它放在树上来回拉动？这样不就可以把树割断了。"

根据这一想法，鲁班很快制成了第一批锯条。经过试用，锯条果然比斧头好用多了。

就这样锯子就被发明了出来，至今仍然被广泛地使用。正是因为鲁班勤于思考，不断地开动脑筋，才会有如此伟大的发明出现。

艾森豪威尔说过："只知道往前冲的不是一名好军人，最起码不是一名好军官。"这句话深刻地说明了思考的重要性。只靠蛮力而没有智力的人是无法胜出的。思考可以决定一个人的命运，而成功的人肯定是那些善于思考的人。

高斯是德国伟大的数学家，他从小时候就是一个非常爱动脑筋的聪明孩子。

当他上小学的时候，有一次一位老师想教训一下班上的淘气学生，于是他就出了一道数学题，让学生从 $1+2+3$……一直加到 100 为止。这个老师心想："这道题足够这帮学生算半天的，我也可以得到半天悠闲的时间了。"出乎他意料的是，刚刚过了一会儿，小高斯就举起手来，说他已经算完了。这个老师觉得算这么快肯定是不对的,于是头也不抬地说道:"算的不对,回去重新算。"但是小高斯很自信地说道:"老师,你看一下,我认为我算的是对的。"这位老师抬起头,然后去看高斯的答案,5050,完全正确。老师顿时惊诧不已,要知道这位老师曾经自己算过,他可是算了很长的时间才算出来的。于是他急忙问小高斯是怎么算出来的。

高斯说道:"老师,我不是从开始一直加到末尾的,而是先把1和100相加,得到101,再把2和99相加,也得101,最后50和51相加,也得101,这样一共有50个101,结果当然就是5050了。"高斯说完,这位老师不断地表扬聪明的高斯。

遇事要开动脑筋,这说起来是件非常容易的事,可是做起来却是非常难的事。高斯的聪明之处就在于他能打破常规,跳出旧的思路,通过自己仔细观察、细心分析,从而找出一条新的思路,进而打破旧的思维模式带来的禁锢,从而就会在非常普遍的事物中发掘出新意来。

人的每一个进步,都与自己的思维能力息息相关。如果离开了思维,人就什么事情也办不成了。既然我们被自然赋予了"思维"这样神奇的力量,我们就应该积极开发我们的大脑。大脑就像是汽车的零件,是越用越灵的,我们每一次的思维都是在给脑子加油,而经过润滑的大脑更能适应自然的变化,人因此也就会有更强的能力了。

关羽手下有一个叫作周仓的人,这个人高大威猛,勇猛无比。他可以很轻易地杀死一头牛。但是周仓空有一身蛮力,却没有脑子。

有一天关羽和周仓路过一棵树,树下爬了很多的蚂蚁,关羽就对周仓说道:"你平时总是自负,认为自己很厉害,你能把这些蚂蚁打死吗?"周仓听了很不屑地说道:"区区一只小蚂蚁,打死又有何难,难道比一头牤牛还厉害吗?"说完就走到蚂蚁旁,抬起右脚在蚂蚁多的地方使劲踩了一下。他原本以为这一脚下去所有的蚂蚁都会死去,可是当他抬起脚却发现,被踩的蚂蚁依然快速地爬着。

周仓很是气愤,于是接连踩了好几下,但是就是踩不死这些蚂蚁,最后他筋疲力尽了也没有成功。

关羽看着他,然后语重心长地说道:"光靠强壮的身体是不能战无不胜的,真正的常胜将军是靠脑子来打仗的,只有会动脑筋的人才是最厉害的。"

说完,关羽下了马,走到蚂蚁前,伸出自己的手指按在一只蚂蚁上,然后用指尖轻轻碾了一下,那只蚂蚁就死了。

周仓看到这一切,顿时羞愧难当,从此再也不自高自大了。

真正厉害的人不是那些身体强壮、力大无穷的人,而是那些

老人言

会开动脑筋的人。因此,开动你的脑筋吧,让自己的头脑动的比手脚快些,因为只有这样你才能够更好地去做每一件事。

和谐家庭篇

第一章

夫妻伉俪：夫妻无隔宿之仇

——最浪漫的事就是一起慢慢变老

丑是家中宝，可喜惹烦恼

爱美之心人皆有之，每个男人都喜欢有一个漂亮又贤惠的老婆陪伴着自己。但是这个美好的愿望有的时候是不会被实现的。缘分这东西是非常奇怪的，有的时候你看到一个人你就会有似曾相识的感觉，虽然对方可能并不好看。因此，很多人的老婆也不好看，但是不要去太过纠结于外貌的好坏，每个人都有每个人的优点，人丑并不代表这个人就是不好的。俗话说："丑是家中宝，可喜惹烦恼"。

美丑并不是评价一个人的主要标准，上帝在关上一扇门的时候，往往会打开一扇窗。漂亮的老婆也许会让你感到赏心悦目，会让你在朋友面前长面子，但是漂亮的只是外表，美丽的老婆如果心肠歹毒的话她也是个丑陋的人。

商纣王宠幸苏妲己,对她疼爱有加,苏妲己长得貌美如花,让人神魂颠倒。商纣王当然也被她迷得意乱情迷,不顾国家。为了苏妲己,他造酒池肉林,让宫女侍卫们在里边裸体嬉戏;为了苏妲己,他无情残杀忠诚的大臣。结果,他终因迷恋酒色而葬送了自己的江山。

正是因为商纣王贪恋妲己的美色,并且终日与她寻欢作乐,使得他葬送了自己的江山和性命,苏妲己再美也终究成了浮云一场。

可见老婆再美而心肠不好的话,终究不会有好的结果。

再来看看诸葛亮的例子:

诸葛亮是三国时期著名的政治家、军事家。在他的帮助下,刘备建立了蜀汉的霸业。诸葛亮对蜀汉尽心尽力,死而后已。在他的决策下,刘备和孙权联手大败曹操,形成了三国鼎立之势。以诸葛亮的条件,必然是名门世家选择乘龙快婿的理想对象。谁也没有料到二十五岁的诸葛亮却找了个丑女结婚。

诸葛亮的妻子名字叫黄硕,她身体壮硕,人亦如其名,黄头发,黑皮肤,皮肤上还起一些疙瘩。黄硕是河南名士黄承彦的女儿。

诸葛亮把黄硕娶回家门,他的邻居们就以貌取人,不明就里地讥讽诸葛亮说:"莫学孔明择妇,止得阿承丑女。"然而他们哪里知道诸葛亮正为娶了黄硕而兴奋不已呢,他非常庆幸自己娶到了一位贤德的妻子。

果然,黄硕到诸葛亮家后,亲操杵臼,兼顾农桑,里里外外的粗活儿与琐事,都按部就班地处理得妥妥当当的,诸葛亮对她也是疼爱有加。

除此之外,这个丑媳妇不但无微不至的照顾与侍候着诸葛亮,就连他的朋友博陵崔州平,汝南孟公威,颍川石广元及徐元直等人,也时常在诸葛亮家里受到这位丑嫂嫂亲切的照顾,每个人都非常尊敬这位丑嫂嫂。久而久之,邻居们对诸葛亮的丑媳妇态度逐渐改变,他们从一开始的打心眼里瞧不起诸葛亮的丑媳妇到对其佩服有加,赞叹不止。

诸葛亮的丑媳妇,不但是一个粗细活都能料理得干净利落的小妇人,她甚至还可以出言不俗地与丈夫娓娓交谈。外人只是觉得诸葛亮的丑媳妇貌丑德美,但是他们却从来不知她还是一个具有另一种"内在美"的女人呢。

诸葛亮六出祁山,威震中原,在伐魏的时候,他发明了一种新的运输工具,叫"木牛流马",这极大地解决了几十万大军的粮草运输问题,此外,诸葛亮又发明了"连弩",这种武器使得蜀军在作战的时候出奇制胜,魏国的大将张郃就死在这种武器之下。但是几乎没人知道这些发明实际上都是诸葛亮的媳妇教的。此外，诸葛亮五月渡泸，深入南中，七擒孟获，为避瘴气而发明的"诸葛行军散"，"卧龙丹"也是他的丑媳妇教给他的。

所以说，丑媳妇并不一定就是不好的媳妇，诸葛亮的老婆奇丑无比，但是她心灵手巧，懂得的事情很多，不但持家顾夫，还能够为诸葛亮分忧解难，真的是非常的贤惠。反观商纣王，苏妲己可以说是倾国倾城，有闭月羞花之容，有沉鱼落雁之美。但是她却成了葬送丈夫江山的罪魁祸首，试问，这样的妻子哪个男人敢要呢？

因此，正在找自己另一半的人千万不要只以美貌为选择标准，更要了解她的内在。觉得自己的妻子不好看而总是抱怨的人不必再抱怨了，因为丑妻是家中的宝，妻丑往往会有其他的能力，而这能力往往会让你的人生更加光辉，丑妻总是会旺夫的。

家有贤妻，夫不遭横祸飞灾

妻子对丈夫来说是非常重要的，俗话说"近朱者赤，近墨者黑"。丈夫每天伴着一个好的妻子的话，那么他也会让自己更加的出色，而如果每天伴着一个坏心眼的妻子的话，他也会把心眼变坏。所以男人在选择自己的伴侣的时候,一定要考虑对方的内在是否美。

正如黄宏在小品里说的那样:"坏媳妇就是男人身边的炸药,而好媳妇才是男人身边的碉堡。"可见一个好的妻子对男人是多么的重要啊。

有一个姓冯的秀才,他知识渊博,学富五车,乡里乡亲的都非常尊敬他,可是他家的日子却过得非常困难,里里外外全都靠着妻子杜氏打理。然而,即使家境贫寒,两口子倒也过得安然无事。

有一年入腊月,家家都准备着请神办年货,而冯秀才手无分文,除了会念"之乎者也"以外,什么也干不成。杜氏看着丈夫每天愁得整天唉声叹气,就温柔地对丈夫说:"靠山吃山,靠水吃水,你难道不可以凭着自己的学问挣一些钱吗?快过年了,家家都需要贴对联,你可以到街上写几副对联卖了呀,这样我们还能够凑合着过个好年。"

冯秀才听了妻子的话,茅塞顿开。于是他就高高兴兴地出了门,多日的烦恼也一下子也被抛上了九霄云外。到了街上,他赊了十张大红纸,然后磨得墨浓,蘸得笔饱,一气写了十几副对联。由于冯秀才不会作生意,对联要价低廉,再加上对联也确实写得不错,不大一会,就被人们抢购一空,冯秀才也赚了几个钱。

第二天,冯秀才又到街上去卖对联,他的妻子则在家里杀鸡,以准备晚上祭灶的物品。这时候,几个身材魁梧的大汉闯了进来,然后抓起退了毛的鸡,杜氏还没弄清是怎么一回事,就被这伙人强行打骂:"你好大的胆子啊,竟敢到员外家里偷鸡,找死是吧。"大骂了一会,那些人才愤愤地离开了秀才的家。

晚上,冯秀才祭灶却找不见鸡,于是便问妻子杜氏:"为什么鸡没有端上来呢?"杜氏怕丈夫听了生气,又恐因此引起祸端,便低声说道:"因为鸡笼没有关好,鸡被黄鼠狼给吃了。"冯秀才听罢,也只好认倒霉。

然而这天晚上,员外家的鸡又飞回来了,员外立刻知道自己错怪了冯秀才,心里不免有点过意不去,他担心秀才会来他家中闹事,于是祭完灶神,就召集家眷商议对策。这天晚上员外家的人都捏着一把汗,可是折腾了一夜,等到了天亮,也没有看见冯秀才上门闹事。一连几天都是如此。

员外担心地说:"看来是这个穷秀才年前还想挣几个钱过年,因此顾不上来闹事,我料想他大年初一非来不可。于是他再让家眷们做好防备。可结果冯秀才初一仍然没来。

员外又想道:"肯定是他觉得初二人太多,刻意来大闹一场。"

想到这,员外非常害怕,然后战战兢兢地度过了初二,谁知仍旧没见秀才的踪影。员外心里更加不安,他实在是弄不清秀才到底心里打的什么主意,时间一长,员外竟然因此生起病来。

管家非常明白员外的心事,于是便对员外说:"老爷得体欠安,冯秀才的事小人设法解决就是了。"

员外苦笑了一下,想要说些什么竟然没有说得出来。

为了解决员外的心病,管家特意去拜访冯秀才。他见冯秀才对他十分热情,料定他不敢开口谈论关于鸡的事情,因此在临别时他对冯秀才说:"适逢佳节,先生何不府上一聚呢?舍下有友人送的上好名酒,还有点小事要请教先生。"冯秀方听了马上拱拱手说:"在下一定择日亲临府上拜见先生。"

过了几天,冯秀才备礼拜访管家,管家急忙将冯秀才让进客厅,并非常热情地款待他。在闲谈的时候,管家见冯秀才知书达理,谈吐不俗,不禁心中暗暗惊奇,便对他说道:"先生饱读诗书,何不进京应试,以求金榜题名呢?"

秀才听了皱着眉说道:"在下也有此意,无奈在下家境贫寒,每日为饱暖而四处奔波,哪还敢妄想应试呢。"

管家连忙说道:"你若有心应试,我愿意全力帮助你,你觉得怎么样?"

冯秀才见说,激动地抓住管家的手:"先生如果真能帮助我的话,就是我的再生父母,我永远都不会忘记的。"管家听了便对冯秀才说:"我有白银一百五十两,还有一些衣物,现在一起送给你，希望你可以立即起程赶考。"

于是冯秀才便拿着钱和衣服回到了家中。回家立刻对杜氏说了一遍，杜氏也很高兴。于是就给丈夫准备行装，第二天就进京应试。

结果冯秀才果然金榜题名，最后又被封为县令。

有一日在后堂，冯秀才对杜氏说："我能有今天，多亏了员外的管家。"杜氏听了只应不答，冯秀才见妻子笑得奇怪，便追问原因，杜氏便说了那只鸡的前后经过。冯秀才这时才恍然大悟。从此后对妻子更加敬重，大小事都要和妻子商量。

"家有贤妻，夫不遭横祸飞灾"，因此对于男人来说，选择另一半一定要看清她的好坏，而不能仅仅以相貌来评价一个人的好坏。对于女人来说，做一个贤内助不但可以让自己更加快乐，还可以让自己的丈夫旺起来，而做一个坏老婆只会让丈夫更加失败，最终又会影响到自己。因此，只有拥有一个贤妻，家才会更加的美好。

捆绑不成夫妻

"有缘千里来相会，无缘对面不相逢"，人与人相遇就是一种缘分，而要成为夫妻，那就是缘分中的缘分。只有彼此有缘的人，互相有心的人才会成为夫妻，夫妻是几辈子修来的福分，所以每一对夫妻都应该珍惜。然而有的夫妻并不是相亲相爱的，而是由于各种原因而不得不走到一起的，这样的夫妻往往会有一些悲剧性的结局发生。捆绑不成夫妻，想要和喜欢的人在一起还要讲求缘分，是你的就是你的，别人想抢也抢不走，而不是你的终究不是你的，你再怎么强求也不会有什么好的结果。

中国古代讲究父母之命，媒妁之言。父母几乎包办了儿女的婚姻，这也使得古代出现凄惨爱情故事的概率非常大。现在虽然讲究自由恋爱，不干涉婚姻，但是儿女的婚姻大事总是会征求父母的意见的，而当父母不同意的时候，一桩婚事就总会是难以达成。这种情况随着社会的进步在一点点地减少，但是各种因素的影响，总会出现那种没有感情的婚姻，或者婚后没有了感觉丧失了爱。这使得现在的离婚率高居不下。

捆绑不成夫妻，两个人如果在一起，就一定要互相存有感情。没有爱情的婚姻只能算是交情。强扭的瓜不甜，霸王硬上弓的做法是不明智的。

传说西晋时，汝南郡南三十里梁庄有一青年叫梁山伯，他遵从父母之命到红罗山书院求学，当他路过一个叫曹桥的地方的时候，就在路边的亭子里休息。离梁庄东十八里有个祝庄，庄上祝员外家有一女儿叫祝英台。祝英台十分聪明，一心求学，但是学堂不招女孩，情急之下，祝英台说服了父母，然后女扮男装，化名九弟，也前往红罗山书院求学。

梁山伯与祝英台就恰巧相遇在了曹桥亭，两人互问了家乡、年庚后，就结拜为了弟兄，然后一同赴红罗山书院求学。

两人在书院非常亲密，形影不离，总会在一起玩耍、嬉戏。红罗山书院四面环水，景色十分宜人。有一次，梁山伯、祝英台和同学们一块玩耍，用石头砸水中嬉戏的鸳鸯。祝英台在扔石头的时候腰闪了一下，同学都大叫道："九弟像女人一样。"听了这话祝英台顿时满脸飞红。

后来师娘发现了祝英台的女儿身，于是就在梁山伯与祝英台的床中间立了块界牌。梁山伯生性憨厚，不懂这其中的意思，总是觉得很别扭。

当祝英台回家看望母亲时，梁山伯竟然恋恋不舍地送了十八里。一路上祝英台作了许多暗示，但是梁山伯仍是不解其意。最后，祝英台说家中九妹尚未婚嫁，想说与山伯，山伯想了想就答应了。

后来，梁山伯来到了祝家，祝英台让梁山伯在客厅等候，说让九妹出来献茶。接着祝英台就换上了女人的服装并端着茶走了出来。梁山伯非常诧异地说："你不就是九弟吗？"祝英台说："九弟即九妹，九妹即九弟"，梁山伯听罢，立刻对祝英台心生爱慕，于是二人私订了终身。

北马庄有一秀才叫马文才，他的姥娘家就是祝庄的，祝员外有心为女儿找一个门当户对的人家成亲，就托马文才的姥娘说媒，于是马文才的姥娘就把马文才说与了祝员外，祝员外对马文才非常赞赏，于是就决定把女儿许给了马家，祝英台非常无奈，但是这是父亲的决定，也只得同意了。

然而，梁山伯如约前来商议婚事，却听到了祝英台已许配给马文才的消息，梁山伯立刻气得当场吐血，回到家后一病身亡。家人遵照梁山伯生前的意愿，将其埋在了马乡官路的西沿，然后刻上了梁山伯与祝英台的名字。

马文才依日迎娶祝英台，花轿至马乡村后，突起旋风挡路，祝英台看到了路旁的墓碑，立刻下轿哭祭梁山伯，这时候墓碑忽然裂开，祝英台看到这种情况立刻扑入了墓中，墓随即合上。接着从墓中飞出了一只金黄、一只雪白的蝴蝶，在天空中翩翩起舞。

梁山伯与祝英台的故事深刻的说明了捆绑不成夫妻的道理，两个人的相爱是不能够被别人左右的，而别人的思想往往动摇不了两个坠入爱河的人，如果其他人不顾对方的感受而采用用强的办法去逼迫别人，这段姻缘即使成功，也不会是好的。

张爱玲曾说："于千万人中遇见你所要遇见的人，于千万年之中,时间的无涯的荒野里,没有早一步,也没有晚一步,刚巧赶上了,那时也没有别的话,唯有轻轻地问一声:'喂你也在这里吗?'"缘分似乎早已注定,红线被月老牵过,两个人会在不经意间相遇和碰撞,而故事才就此开始演绎。因此说缘分是不能勉强的。

宁拆三座庙,不破一家婚

俗话说:"宁拆三座庙,不破一家婚。"意思是说宁肯拆除三座寺庙,也不可以去拆散一桩婚事,可见拆散一桩婚事是多么大的过错啊。

两个人相遇就是非常大的缘分,而只有经过了无数的困难和磨炼两个人才会走到一起。既然相爱这么不容易,还怎么狠心去破坏一桩婚事呢?

许仙和白素贞唯美的爱情故事家喻户晓。许仙是一个普普通通的人,有一次他上山采药,途中看见一人在打一条白蛇,许仙心地善良,看了非常不忍心于是立刻制止了那人,然后把这条小白蛇给放了。

后来这条白蛇修炼成人形,她依然记得救自己的许仙恩人,她一心想要报答许仙的救命之恩,终于在观音菩萨的指引下,找到了自己的恩人。

二人在西湖边相见，互生情愫，最终一把纸伞定终生。二人成亲之后，恩恩爱爱，如胶似漆，一刻也不能离开彼此，每天都过得又幸福又自在的，许仙在娘子白素贞的帮助下行医救人，过得有滋有味。

然而金山寺的法海禅师，向来降妖除魔，对妖怪绝不姑息。有一天，他来到镇上化缘，恰巧碰到了许仙，他发现许仙眉宇间藏有妖气，立刻心下生疑，为了保险起见他给了许仙一个可以辟邪的法器。

许仙回到家里后，白素贞看到许仙身上带的东西，立刻害怕之极。许仙看到娘子如此害怕，不但没有起疑心，反而责怪法海骗自己。

后来法海弄清了事情的眉目，他知道了白素贞是一条千年蛇妖，连同白素贞身边的丫鬟也是一条青蛇精。为了除掉妖怪，法海开始不断地找白素贞的麻烦，但是白素贞法力非常高，并且许仙也常常在身旁，使得法海始终无法得手。

终于有一天，法海无计可施只得把许仙藏在了金山寺，不让他见自己的娘子。白素贞寻夫不着，只得来到金山寺要人，法海不依，白素贞最终忍无可忍，水漫金山寺，大水淹没了金山寺，淹没了城镇，淹死了无数的人。

后来,许仙终于知道了自己的娘子是一条千年蛇精,但是他感念娘子的心地善良并没有因为她是妖怪而放弃她。可是,白素贞最终被法海关在了雷峰塔下。

几乎所有人都在抱怨着法海的多管闲事,而没有人反对许仙和白蛇的爱情。可是,法海是出家人,他不懂尘缘的爱恨离别,因此无情的拆散了一对恩爱的夫妻,使得一个美好的家庭支离破碎,一段美好的姻缘就这样被无情地破坏了。虽然法海尽职尽责,却被世人所骂。

一段姻缘真的是来之不易,如果想要拆除它,就真的是太过无情了,并且这种无情的举动往往会带来一个非常不好的结果。

在古代,有个女孩叫刘兰芝,她性格贞烈,重情重义,并且非常懂事理。十七岁的那年,刘兰芝嫁给了庐江郡的一个小吏焦仲卿为妻。焦家人口简单,丈夫之外只有守寡多年的老母和一位小姑子,丈夫对兰芝可以说是疼爱有加,然而她的婆婆却不喜欢她,总是挑她的理,认为媳妇没有礼节,凡事爱自作主张,总会让人心里不快活,最终把刘兰芝赶出了家门。

当天夜里,夫妻两人相拥而泣到了天明,焦仲卿一再解释他的尴尬处境,并保证假以时日,情况必然会获得改善,并劝慰刘兰芝务必要暂时忍耐,过些日子定来相迎。

刘兰芝回家后,县令立即遣媒为他刚满十八岁的小儿子求亲，刘兰芝的母亲非常理解女儿的心情，于是就在女儿的恳求下代为谢绝了。

不久，太守造县丞为他的五少爷求婚。当母亲再次准备为女儿谢绝时，她的兄长出面干涉，无奈之下，刘兰芝只得违心答应了这门婚事，并纳采行聘，选定了良辰吉日，准备迎亲过门。

焦仲卿听到刘兰芝再嫁的消息，快马加鞭赶到了刘家，见到刘兰芝，焦仲卿便气急败坏地说："我如磐石，千年不转移，而你蒲苇的韧性呢？何以在一天一夜之间一切就变了样子呢？我们的海誓山盟呢！我只有祝贺你攀上高枝，一天比一天过得好。"说完转身就走了。

刘兰芝知道自己对不起自己的丈夫，心里非常的难过，于是深夜里趁人不备，跃身投入村外的池塘之中，用她的生命来诠释情爱的坚贞。

回到家焦仲卿生不如死，悲痛万分，终于不顾母亲的劝解，一心向死，于是解下腰带，绑在树上自缢而死。

天亮以后，焦仲卿与刘兰芝双双殉情的消息，已经轰动了附近村里，焦母呼天抢地，为独子的死悲恸不已，而刘家兄长更是愧悔交加，因为自己的贪利趋势，而害得妹妹走投无路最终投水保贞，村民更是由同情转而愤慨，聚集在两家门前，大骂两家人，并要求将两人合葬在华盖山麓。从此两人长久地在

老人言

一起。

刘兰芝和焦仲卿本来是一对互相恩爱的伴侣却最终落了如此的下场,真的是让人感叹啊。

面对一段爱情,我们一定要去尊重,而不要去破坏,因为两个人从相遇到相知再到相爱真的是非常的不容易。既然两个人你有情我有意,我们为什么不能祝福和赞许这段缘分呢?相信每一个相爱的人都不愿意有人去拆散他们的美好爱情,既然连自己都不愿意的事情,那么我们又怎么能在别人身上去做呢?己所不欲,勿施于人。所以一定要记住这句话:"宁拆三座庙,不破一家婚。"因为只有你尊重别人的爱情,别人才会反过来尊重你的爱情。

妻是枕边人,十事商量

妻子是男人最亲密的人,因此男人的优缺点,妻子是最了解不过的了。男人在做事情的时候,或是遇到问题的时候,不妨问一下妻子,与她商量一番,或许会得到意想不到的办法,从而顺利完成手上的事情、解决面对的问题。

不要总是想妻子是一个女流之辈不能想出好办法的,其实不然,每个人看问题的思路和方式是不同的,况且女人本就比男人心思细密，她们的建议往往是经过深思熟虑后才说出来的，因此，常与妻子商量一下，只会有好处，不会有坏处的。

晏婴是战国时齐景公的宰相，他身材虽然非常矮小，其貌不扬，但他却很有才干，名闻诸侯。有一天晏婴出门，坐着马车，他的马车夫娴熟地驾着车。那位马车夫的妻子很贤淑，当马车夫驾着车子经过自己家的门口时，他的妻子在门缝里偷看，看见她丈夫挥着马鞭，表现出洋洋得意的样子。

当天晚上她丈夫回家时，她就责备丈夫道："晏婴身长不满六尺，却当了齐国的宰相，而且名闻天下，各国诸侯都知道他，敬仰他。但是我看他的态度，还是很谦虚，一点也没有自满的意思。而你身长八尺，外表比他雄伟得多，却只做了他的驾车人，还洋洋得意，显得非常骄傲的样子，所以你不会发达，只能做这些低贱的职务，我实在替你觉得难为情啊！"

马车夫听了妻子的话顿时羞愧难当。从此他听从了妻子的话后，态度逐渐转变了，处处显得谦虚和蔼。晏婴看见马车夫突然谦和起来，觉得很奇怪，于是问他原因。马车夫就把妻子所说的一番话老老实实地告诉晏婴。晏婴看他听到谏劝，就能够马上改过，是一个值得提拔的人，于是推荐他当了官。

马车夫的妻子看到自己的丈夫做着低贱的工作还洋洋得意，最终把他骂醒，使得他当了大官。可见一个好的明事理的妻子对

老人言

男人来说是多么的重要啊，而如果马车夫平时跟妻子多商议一下工作的情况，得到妻子的建议，那么想必他飞黄腾达的时间会更早吧。

妻子的建议不妨多听一听。俗话说，"三人行必有我师"，妻子是最了解你的人，那么她的建议往往是最切中要害的，多听一听不但可以了解自己的优缺点，还可以解决相关的问题，何乐而不为呢？

唐太宗李世民是中国古代的明君，在他的治理下，唐朝出现了盛世的局面，使得中国成为当时世界上最强大的国家。但是李世民的伟大功绩却需要记一笔功劳在她的贤内助长孙皇后身上。正是因为长孙皇后的陪伴，不停地鞭策着唐太宗，在他遇到问题时为他出谋划策，才使得唐太宗一生爱民如子，治国有方。

李世民征战南北期间，是长孙王妃紧紧追随着自己的丈夫四处奔波，任劳任怨，为他照料生活起居，使李世民在繁忙的战事之余能得到来自她的温柔的抚慰，从而使他在作战中更加精神抖擞，所向无敌。

唐太宗即位后，长孙皇后一如既往地保持着贤良恭俭的美德。对于年老赋闲的太上皇李渊，她十分恭敬而细致地侍奉；而对后宫的妃嫔，她也是非常宽容和顺，并且常规劝李世民要公平地对待每一位妃嫔。

长孙皇后非常明事理，她不愿以自己特殊的身份干预国家大事。有时唐太宗坚持要听她的看法，她就只是提出一些实用的原则，而不愿用细枝末节的建议来束缚自己的丈夫。唐太宗的手下有一个大臣魏征，他总是上书纳谏，甚至为唐太宗挑毛病，为此太宗有时在气头上就听不进魏征的建议，这时候就是长孙皇后给太宗做思想工作，使他改变主意接受魏征的进谏，从而使得唐太宗一直保持着关心国家大事、积极听取劝告的好秉性。

长孙皇后在弥留之际还嘱咐唐太宗一定要善待贤臣，不要让外戚位居显要；并请求死后薄葬，一切从简。就是这样一个伟大中透着平凡的女人，一直支撑着唐太宗，使得唐太宗励精图治、爱惜百姓，终成一代明君。

一个好妻子的作用不言而喻，好妻子的意见就像一盏明灯一样指引着自己的丈夫找到归家的方向，好妻子的意见也像迷雾中的强光，让自己的丈夫走上正确的道路。所以多听一听妻子的心中所想，遇到事情多与妻子商议一下，会让你得到更好的方法，进而更快地奔向成功的大道。

孙中山和宋庆龄是一对革命夫妻，在他俩的努力下，中国的革命事业才得以不断地进步。

1913年孙中山发动讨袁二次革命失败后，不得不逃亡到了日本。他的英文秘书宋霭龄由于要回国结婚，因此宋嘉树提出由宋庆龄把这个工作接过来。而宋庆龄在与孙中山接触中，进一步了解了孙中山的高尚品德和革命精神，因此对他十分敬仰和爱戴。同时孙中山也从宋庆龄的身上感受到了振作和鼓舞，于是两人在配合默契的革命斗争中开始相爱了，1915年孙中山与分居多年的妻子卢慕贞正式办理了离婚手续，准备和宋庆龄结为夫妻。

由于二人年龄相差27岁，宋庆龄的父亲又是孙中山的好友，于是孙中山便让宋庆龄回国先征求父母的意见。宋庆龄回到上海向父母亲一说，便遭到了全家人强烈的反对。宋庆龄在这种情况下毅然离家出走，果断地乘船到达日本东京，回到了孙中山的身边。

1915年10月25日，孙中山与宋庆龄正式办理了结婚手续，并举行了简朴的茶点宴会，当时孙中山49岁，宋庆龄22岁。

宋庆龄和孙中山结为夫妇后，宋庆龄开始全力支持孙中山，不但照料孙中山的生活起居，自己也正式投身于革命事业，不断为孙中山出谋划策，成为孙中山最亲密的战友、助手和伴侣。他们夫妻二人风雨同舟，为中国革命做出巨大贡献。

总而言之，妻子是你身边最重要的人，也是最了解你的人，她的话语对你是非常有用的，因此遇到问题时，不妨与她多商量商量，这样你就会更好地去做事情了。

情人眼里出西施

俗话说："萝卜白菜，各有所爱。"这句话一点都不假，在日常生活中，有的人就喜欢吃白菜，而有的人就喜欢吃萝卜。这没有什么道理可言，仅仅是单纯的喜欢。对于人们来说，找寻自己另一半的时候，往往会根据自己的看法来打量对方。也许对方是一个漂亮的美女，可有的人会觉得一点都不漂亮。同样的长得不漂亮的人往往在有的人眼里好似天仙一般婀娜多姿。

因为受到不同的时代、不同的文化背景以及不同的价值观的影响，人们的审美观会表现得非常不同。同样一个人，在有的人看来，几乎是完美无缺，而在另外一些人眼里，则就可能只是个普普通通的人而已。情人眼里出西施，人们观察事物的时候往往会出现偏差，就像诗里说的那样"横看成岭侧成峰，远近高低各不同"，人们在观察别人的方法，角度都是不一样的，这就决定了不同人对不同的人和事会出现不一致的看法。

有个成语叫作"爱屋及乌"，意思是说如果我们喜欢某个人，就会连同栖息在他屋上的乌鸦一同喜欢。这是因为我们对房子的主人非常喜欢了，就连屋顶的乌鸦也喜欢了。这其实是一种认识的偏差，这种偏差在心理学上叫"晕轮定律"。所谓晕轮，是指太阳周围的一圈光晕，有扩大化的意思。晕轮定律就是说，人们在判断其他事物时，容易犯以点代面、以偏概全的错误，即由一个优点推及得出所有优点，由一个缺点推及到所有缺点。也正因为此，才有了情人眼里出西施的情况。

小王去参加同学聚会，同学见面席间推杯把盏，有说有笑。期间小王和同学们谈起了"班花"的近况，班长很兴奋地说，"班花"最近走了桃花运，她的心情非常的好，因为她说她找到了比电影明星还要帅上好几倍的男朋友，而且还是个才貌双全的钻石王老五。小王一听，立刻来了兴趣，于是兴致勃勃地拨通了"班花"的电话。

电话打通后，小王开门见山地对"班花"说："班花，听说你搞定了一个又有钱又非常帅的王老五啊，恭喜你呀，你可是真让我们羡慕啊。我们可都期待着一睹他的风采呢，你什么时候带他过来让我们见上一面呀？"

手机里顿时传来了"班花"得意的声音："嘻嘻，很快你们就能见到他了。前几天他刚刚向我求婚了，到时候你们来参加我的婚礼就能看到他了。"众人立即高兴地恭喜了她一番。

这时候，有人问道："听说你的男朋友比电影明星还要帅几倍，是真的吗？"

"班花"抑制不住内心的喜悦,非常不客气地说:"当然啦,怎么可能骗你们呢?他真的很帅的,假不了的。你们不知道他可比电影明星更要有成熟的魅力呢,更重要的是他非常温柔体贴。"

"班花"毫不掩饰地夸赞了他的男朋友一番,使得所有人都想立刻见到这位高大帅气又非常善解人意的人物。一转眼就到了"班花"大婚的喜庆日子。在温馨的乐曲声中,"班花"挽着新郎的手臂款款步入了酒店大厅。大家怀着万分期待的心情,等待着"班花"嘴里的大帅哥出现,脑海里闪过的是刘德华,周润发的样子。可是当新郎走出来时,出乎所有人意料的是,新郎竟然是个挺着啤酒肚的中年男人。

小王非常失望地对大伙说:"似乎新郎官没有我想象中那么好。"

还有人不以为然地说:"还没有我长得帅呢,他走起路来像只鸭子,和电影明星有得比吗?真不知道'班花'怎么想的。"

然而新郎全然不知道他们的议论,走过来笑眯眯地招呼大家喝酒,立时露出了两排参差不齐的牙齿。

大家相视一笑,异口同声地说:"真是情人眼里出西施啊。"

在"班花"眼中,她的丈夫是个又高又帅的男人,有钱还不霸道,还很温柔体贴,可以说这个男人在"班花"眼中是个完美的男人。可是对小王和他的同学们来说，这个男人不过是一个普普通通的中年人，有着啤酒肚，大腹便便，个子不是那么高，甚至还有一嘴的难看之极的牙齿，总之是与"班花"所形容的相差甚远，最终不得不发出"情人眼里出西施"的感慨。

不是"班花"在说谎话，也不是"班花"在故意炫耀，而是她真真切切地觉得自己的丈夫是一个又高又帅、温柔体贴的完美男人。或许是她的审美观点与别人的不同，或许是她看到了别人不曾看到的一面，又或许是她就是喜欢这一类的男人，总之，她觉得这个男人是非常好的。这就是情人眼里出西施的结果。

情人眼里出西施并不是什么不好的事，感情是需要看缘分的，一个人看中了对方，就说明他们之间是有缘分的，而相貌的好坏并不会影响他们的缘分的，因此，我们还是要相信缘分，相信情人眼里出西施吧！

少年夫妻老来伴，一天不见问三遍

少年夫妻老来伴，从年轻的时候一直到老，总有一个人在你身边陪伴你，那就是你的另一半，你可能给不了他荣华富贵，可能不能带他去游遍世界，但是他不会为此而抛弃你，他只会默默地陪伴着你，关心着你，体贴着你，从开始到最后，不离不弃。也许你们会因为某件小事而吵吵闹闹，但最终彼此都会原谅彼此，并且彼此的感情会更加的浓。珍惜身边的他吧，因为只有他会陪你一直走下去。

少年夫妻老来伴。其实很多人的婚姻生活都是这样的，也许当初的浪漫和激情早就归隐于平淡，而女人一旦有了孩子，更是转移了更多的爱，使得她们往往忽略了身边的男人，男人在家里越来越找不到当初的感觉。温柔少了很多，过去的嘘寒问暖已成奢望，更谈不上给男人赏心悦目的长久吸引了，于是激情少了，争吵多了，但是吵来吵去，最终还会重归于好。

少年夫妻老来伴，就是老了彼此为伴儿，年少时曾有过卿卿我我，更有过磕磕碰碰，有过坎坎坷坷，也有过吵吵闹闹，有过曲曲折折，这一切的经历使得夫妻到老才明白原来夫妻的最终意义就是彼此相伴，然后会想到年轻时候何苦要彼此苛求、彼此折磨、彼此较量。

少年夫妻老来伴，说的是年少的时候是夫妻，等到了老年才是人生真正的伴侣，年少的夫妻有可能因为某种原因离异，可是真正的到了老年，才是人生相互支撑的开始，那种是几十年如一日的磨合，是一种习惯，是一种浓浓的亲情，是一种融入生命的东西。

老人言

百年修得同船渡，千年修得共枕眠。婚姻就好像开车一样，只有经历了磨合期，才能慢慢地顺畅，进而渐入佳境。少年时的夫妻也许个性太强，也许会因为生活琐事，工作压力出现矛盾和摩擦。有时，因为年轻、因为独立，彼此之间会认为这个世界少了谁都不怕，哪怕对方是自己的配偶，也不肯退让半步。出现矛盾时，为了面子或强调自我，彼此多了坚持少了妥协，这往往也是婚姻生活过得磕磕撞撞的原因。而到了老年，彼此争斗的心渐渐平和了，也看淡了世间的一切，回头发现，以前的磕磕碰碰换来了今天的风雨相伴。身边的那个人一直陪着自己，并会一直陪着自己走完人生。

珍惜彼此吧，因为经历了大风大浪、鸡毛蒜皮后你会发现，身旁坚定站着的依然是你的另一半。

易求无价宝，难得有心郎

男怕入错行，女怕嫁错郎，对于女人来说，找到一个称心如意的丈夫是非常重要的，因为这个男人将要成为自己的依赖，今后的路将要和其一起走下去。选择一个如意郎君可以让自己以后更幸福更开心，而选择一个不如意的丈夫就会使自己以后的路更加的坎坷。

和谐家庭篇

女人相对男人来说比较脆弱，无论是身体还是心理上，女性总是表现出脆弱的一面，同时中国古代讲究三纲五常，使得中国是一个父系社会，男人是社会最活跃的因子，女子通常是在家相夫教子，不轻易出门。而一旦自己的丈夫死去或者离开了自己，那么这个女人就会孤独无依，非常可怜。现代社会遵循男女平等的原则，女性的社会地位得到显著提高，但是这并不能改变男人仍然是处于社会核心的这一现状，这就决定了女性还是对男性有一定的依赖性，选择一个好的丈夫，就显得十分重要了。

王学勤是一个45岁的中年人，他是芜湖县陶辛镇南埂村村民。多年来他用自己的实际行动向大家展示了当代新好男人的形象。

王学勤是一个非常勤快的人，他手勤、腿勤、口勤、脑勤，几乎是整天都闲不住，他诚诚恳恳做事，实实在在做人，从不计较个人得失。尤其是对他的妻子更是好得不得了。他对妻子非常爱护、理解和包容，妻子在一家工厂里上班，每当看到妻子每天拖着疲惫的身体回家的时候，他总是感到不忍心，于是他就每天接送孩子并做好饭等着妻子，尽量不让妻子再回家做家务，好让妻子每天回到家可以好好地休息。

夫妻生活这么久，难免会有磕磕碰碰。但是王学勤总是会包容自己的妻子，与妻子发生争执时，他既不会大吼大叫，更不会挥拳相向，而只会缄口无语，退避三舍，在忍让中化解矛盾，在宽容中再造和谐。家庭以和为贵，王学勤就是把这句话放在心上，对妻子宽容之至，使得他的家里从来没有出现过大吵大闹的时候，即使是小打小闹，也会很快地恢复如初。

他的妻子经常对别人说："遇到我工作生活稍有不顺心，他总能化解我的困惑，让我知足常乐。尽管他没当过老师，但我却感到他博学多才，幽默睿智，精明能干，他说话非常富有哲理，给人以启迪，是我的良师益友。他一心念家，真心对老婆和儿子，有什么好吃的东西先让我和儿子吃，穿戴也先顾着我们，只要看到我们高兴，他脸上便会满足地浮起一家之主的笑容。"

对于王学勤的妻子来说，她无疑是幸福的，是幸运的。她有一个好丈夫，有一个好家庭，这让她觉得即使再苦、再累，也是快乐的。她不会为了生活而发愁，因为她的丈夫是她的最信赖的靠山，有了这个靠山，她会觉得心安。

好丈夫会成为一座大山，让女人感到踏实；好丈夫会成为浩瀚的大海，让女人体会到爱的宽广；好丈夫拥有一双温暖的大手，在女人最需要关怀的时候，紧紧握住她脆弱的心；好丈夫拥有一副宽广的臂膀，在女人最需要安慰的时候，让她有一个信赖的地方哭泣。好丈夫是女人的天，只有在这片天空下，才可以无忧无虑，肆无忌惮的飞翔。所以女人一定要选择一个好男人做自己的丈夫，做自己的守护神。而男人一定要努力做到最好，让自己成为妻子的保护伞，不但为她遮阳避雨，更可以让她安心。

女人在选择自己的终身伴侣的时候一定要慎重，因为这是一辈子的事情，一步错，就步步错。选择丈夫时千万不能只看外表，因为外表不是一个人的全部。更不能贪恋权贵，迷恋钱财，古今中外多少富豪高官过着骄奢淫逸的生活，选择这样一个丈夫只会让你感到更加的无助，而不会有幸福感。同样的，男人一定要努力把自己变成一个好丈夫，这样你才会让妻子感到幸福、放心。

愿做鸳鸯不羡仙

爱情是个永恒的话题，每个人都希望自己能够拥有一份纯真又美好的爱情，并期待着美好一直延续下去。爱情的魔力非常的大，它可以让陷入情爱的男男女女们不顾一切阻力，它可以让人狂热、盲目，甚至让人失去理智。

每个人都渴望爱情，都渴望那种愿做鸳鸯不羡仙的美好生活。为了爱情,许许多多的人付出了代价,刘兰芝和焦仲卿为了捍卫自己的爱情,不惜双双了结自己的性命;孟姜女为了寻夫哭倒了长城;王宝钏为了等待丈夫回家,在寒窑里苦盼了十八年;许仙和白素贞为了爱情,与法海锲而不舍地做斗争。许许多多的凄美爱情在我们的脑海里闪烁着,正如诗里说的那样:"生命诚可贵,爱情价更高,若为自由故,两者皆可抛。"

古时候有个青年叫牛郎,他爹娘很早就去世了,他跟着哥哥嫂嫂过日子。哥哥嫂嫂都对他非常不好。于是他经常出去放牛,牛郎最亲密的伙伴就是那头牛了。

牛郎的哥哥嫂嫂把家里的财产占为己有,只把牛和破车给了牛郎,牛郎只好牵着牛拉着破车离开了家。

后来,牛郎自己砍柴搭成一个茅草屋,每天倒也过得自在。有一天晚上,牛郎走进屋子,听到有人说话,他循声望去,却发现是他的老牛在说话。他非常吃惊。由于老牛是他最好的伙伴,牛郎也没有害怕,反而凑过去问话。

老牛说道:"主人现在依然单身,我想撮合你一段美事,翻过山有一座森林,森林前有一个湖,明天黄昏会有些仙女会在湖里洗澡,你要捡起那件粉红色的纱衣,跑到树林里等着,那位和你要衣裳的仙女就是你的妻子了。"牛郎听了非常高兴,于是准备妥当,期盼着明天到来。

第二天黄昏，牛郎来到了湖边。果然看到有许多仙女在洗澡，于是就按照老牛说的做法把一件粉红色的衣服拿走了，过了一会，果然有一个仙女来找牛郎要衣裳。

这个仙女原来叫织女，因为王母娘娘每天都让织女织许多的布，并不让她出去玩。所以织女一直都很想去人间玩耍。终于有一天，王母娘娘由于喝多了酒睡着了，织女和几个仙女才一起来到了人间。牛郎和仙女情投意合，在人间结为夫妻，不久有了两个孩子，他们一家过着幸福的生活。

仙女下凡的事情终究被王母娘娘知道了，王母娘娘非常生气，决定亲自下凡去找织女。于是织女被王母娘娘抓走了。

牛郎不会飞只好干瞪眼，这时老牛又开口说话了："主人，我即将死去，你可以披上我的牛皮，然后挑着担子，让你的儿子分坐在两边，这样你就可以追上他们了。"于是牛郎披上了牛皮，刚走出了门就飞起来了。

牛郎的速度很快，马上就追上了王母娘娘，眼看就要追上了，可王母娘娘把玉簪在牛郎前面轻轻划了一道，成了一条银河，牛郎再也不能飞过去了。

可是，织女不死心，硬是要和牛郎在一起，每天以泪洗面。最后，王母娘娘也终于被她感动，破例允许她每年七月七日跟牛郎会面，到时候会有喜鹊搭桥让他们夫妻二人重逢。

每当七夕的时候，我们都仿佛看到牛郎织女鹊桥相会的场面。再想到他们的凄美爱情，不觉黯然心伤。

爱情让人沉醉，让人改变，有的人因为爱情的滋润重拾了信心，有的人却因为爱情，颓废了一生。总之爱情美好得让人害怕，痛苦得让人肝肠寸断。

爱情是美好的，更是来之不易的，没有爱情的人生是不完整的，因为有了爱情，灰色的天空才现出色彩。因此，珍惜你的爱情吧，千万不要随随便便地就放弃一段感情，因为爱情对你来说会非常的重要，抛弃了你就再也找不回来了。

嫌人易丑，等人易久

俗话说："嫌人易丑，等人易久。"就是说，如果你嫌弃一个人，你就会越看那人越觉得丑，如果你是等一个人，就会越等越难捱。在爱情的世界里，这条法则同样适用，一个人在恋爱过程中，要是根本就没看上对方，就会怎么看都不顺眼，越不顺眼，越觉得对方丑。这就好比等人一样，容易心烦，等的时间本来并不是很长，但感觉起来就好像是很长。而有的人总是觉得自己的另一半这也不好那也不好，从嫌弃一点到嫌弃整个人，直到最终厌弃。

其实爱情中难免会有磕磕绊绊,两口子过日子应该以和为贵,互相包容彼此,出现问题时,不要立刻付诸吵闹,而是应该平心静气地坐下来,共同想一想分歧所在,然后找到行之有效的解决办法,这样就不会大吵大闹了。

两个人能够走到一起是非常不容易的,缘分不是和什么人都有的。茫茫人海中,你遇见了我,我看到了你,这个概率是如此的低。所以我们应该珍惜这得来不易的感情,不要因为一些小事情就心生厌恶,不断积累就会形成大偏见。每个人都应该学会宽容,去包容彼此的小毛病,去包容彼此的小错误。人非圣贤,孰能无过。每个人都会有这样或者那样的问题,每个人都会犯错误,学会宽容一些,爱情才会更长久,心才会更满意。

东汉初年,有一位隐士叫梁鸿,字伯鸾,扶风平陵人(今陕西咸阳西北)。他博学多才,虽然家里贫穷,可是他崇尚气节。东汉初,他曾进太学学习。后来他结束学业后,就在皇家林苑上林苑放猪。有一次,梁鸿因为不小心,点燃了房屋,火势很猛,立刻延及到了周围的人家。大火扑灭之后,梁鸿就去查问每家所遭受的损失,并以猪来作为赔偿。

有一家人嫌梁鸿赔得太少,梁鸿就对他说:"我没有别的财物,但是我愿意为你做一段时间的工来补偿。"那家主人想想也没办法于是就答应了梁鸿的要求。

第二天，梁鸿就来这家干活。他在这家干活时不怕苦不怕累，勤勤恳恳，绝无怨言。邻家的一些老人见梁鸿的行为非同一般，就联合起来责怪那家主人，责怪其不该如此对待梁鸿。那家主人也觉得自己做得有些过分，于是就开始尊敬他，并将猪悉数归还给了梁鸿，但是梁鸿坚辞不受，后来就回乡去了。从此，梁鸿的仁义品德在四邻八乡传开了。由于梁鸿的高尚品德，许多人想把女儿嫁给他，梁鸿都一一谢绝了，就是不娶，人们都很诧异，不解其中的道理。

同县的一位孟氏，他家有一个女儿，长得又黑又肥又丑，而且力气极大，能把石臼轻易举起来。每次家人为她找婆家时，她都立刻拒绝就是不嫁，转眼间她已三十岁了，父母非常着急她的婚姻大事，于是就问她为何不嫁。她说："我要嫁像梁伯鸾一样贤德的人。"梁鸿听说后，立刻就下了聘礼，准备娶她。孟女高高兴兴地准备嫁妆。等到过门那天，她打扮得漂漂亮亮的。两人就结为了夫妻。可是让孟女没想到的是，婚后一连七日，梁鸿一言不发，夫妻间根本没有恩爱的表现。孟家女就来到梁鸿面前跪下，对他说："妾早闻夫君贤名，立誓非您莫嫁，而夫君也拒绝了许多家的提亲，最后选定了妾为妻。可不知为什么，婚后夫君默默无语，不知妾犯了什么过失？"梁鸿听了她的话才开口答道："我一直希望自己的妻子是位能穿麻葛衣，并能与我一起隐居到深山老林中的人。现在你却穿着名贵的丝织品缝制的衣服，涂脂抹粉、梳妆打扮，这哪里是我理想中的妻子啊？"孟女听了，对梁鸿说："我这些日子的穿着打扮，只是想验证一下，夫君你是否真是我理想中的贤士。妾身早就准备好了劳作的服装与用品。"说完，便将头发卷成髻，穿上粗布衣，架起织机，动手织布。

梁鸿见状大喜，高兴地走过去，对妻子说："你果真是我梁鸿的妻子啊！"接着，他为妻子取名为孟光，字德曜，意思是她的仁德如同光芒般闪耀。后来两人一道去了霸陵（今西安市东北）的山中，过起了隐居的生活。在霸陵山深处，他们以耕织为业，或咏诗书，或弹琴自娱，好不自在。不久，梁鸿为了躲避征召他入京的官吏，夫妻二人到了吴地（今江苏境内）。梁鸿一家住在大族皋伯通家宅的廊下小屋中，靠给人舂米过活，生活非常困苦，但两人很快乐，孟光也从来也没有因为梁鸿没有前途而加以责备。每次归家时，孟光都会备好食物，然后低头不敢仰视自己的夫君，把装饭菜的托盘高高举起，请梁鸿进食。皋伯通见此情形，大吃一惊，心想：一个小小的苦力竟然能让他的妻子对他如此恭敬有加，那他一定不凡。于是他立即把梁鸿全家迁入他的家宅中居住，并供给他们衣食。

如果世人都像梁鸿和孟光夫妇一样，二人互相尊重对方，互相包容彼此，不会因为一点小问题就嫌弃对方，那么，爱情的世界里就会少一些聚散分离了。

因为爱，彼此想在一起，因为爱，彼此不愿意让彼此离开。如果大家互相伤害着，那么彼此都会觉得自己是最终的受害者。而不管最后做出怎样的决定，没有人会在这场战争中取胜。既然两人牵手面对世界的风风雨雨，那么彼此就应该珍惜彼此的存在，不要因为一点点小事儿抱怨不止。"嫌人易丑，等人易久"，经常的抱怨会让心中的小抱怨不断积累，久而久之，就会形成偏见，最终会影响对对方的看法，从而产生不好的结果。为了维系珍贵的夫妻关系，还是学会宽容吧。

百年随缘过，万事转头空

爱情是很美好的事情，但是两个人相爱是讲求缘分的，只有两个人互有心意，一段爱情才会是美好的，才会长久。一厢情愿的爱情往往不会有好的结局，一味地强求缘分往往最后都不能成功。缘分是可遇而不可求的，面对无心的"流水"，我们应该选择放弃，放弃不属于我们的缘分。

缘分是非常奇妙的。缘分的事，谁也说不清、道不明。每个人只知道它是可遇而不可求的。凡事都不可强求，只是顺其自然就好。每个人都渴求缘分，但是缘分不会因为你的渴望就来到你身边，冥冥之中似乎有一种无形的力量在支配着缘分，是你的，再怎么擦肩最后也会来到你身旁；不是你的，任你再怎么强求也是没有用的。

什么是缘分？没人可以说清。缘分就像风一样，它可以随时来，也可以随时散。缘分总是飘忽不定的，让人抓不住行踪，所以你越是有强烈的要求，它就会离你越远。强求只是一厢情愿的事情，到头来才知道那一切不过是和生命开了个玩笑而已。有的时候你喜欢某一个人，喜欢到每天辗转反侧，无法入眠。然而对方却一点也不喜欢你，这就是你与对方是没有缘分的，而无论你怎么喜欢，怎么死去活来的就都是没用的，正所谓："落花有意随流水，流水无心恋落花。"

因此一切随缘，凡事都不去强求，只有这样，你才会更加的豁达，而不是活在痛苦和烦闷当中。

一座山上建有一个寺庙，庙里有一个老和尚和一个小和尚。每一天，老和尚都会给小和尚讲述经文的道理，寒来暑往，从不间断。

又到了酷热的夏天，天气非常炎热，骄阳似火，已经有好久没有下雨了，天气异常干燥，就连寺院草地上的草都开始死的死，枯的枯，变成光秃秃的一片黄土。

老人言

小和尚非常焦急地对师父建议道:"师父,草都死了,院子里好难看啊!我们还是赶快撒点草种子吧!"

"现在不行,等过些日子吧,等天气凉爽了,随时我们都可以撒草种子。"师父挥挥手道。

这一等就是数十天,转眼间中秋节到了,天气也渐渐凉爽下来。这时师父买了一包草籽,并吩咐小和尚去播种。小和尚非常高兴,于是他就拿着草籽去撒在院子里,正当他在撒草籽时,一阵秋风吹过,草籽被吹得四处飘洒。

小和尚急忙惊慌地喊道:"不好了!好多种子都被吹走了,多么可惜呀。"

"没关系,吹走的种子多半是空的,就是撒下去也发不了芽的。"师父安慰着弟子,接着又说道:"一切随性吧。"

这时候,一些鸟儿看见了撒在地上的种子,就飞来啄食。

小和尚发现了,急得直跺脚,大声叫喊着:"真要命!种子全都被鸟吃了!"

"没关系的!种子还有好多呢,吃也吃不完的。一切随遇吧。"师父不以为意地说。

到了半夜时分,天空突然下了大暴雨。一大早,小和尚就冲进禅房嚷嚷道:"师父!这下真完了,好多草籽都被雨给冲走了!"

师父高高兴兴地说:"太好了,雨水一到,草籽就会扎根发芽了,不要担心,一切还是随缘的好。"

一个星期过去,原本光秃秃的地面,突然之间冒出了许多青翠的草苗,更令人开心的是,一些原本没有播种的角落,墙角、门槛,现在也到处泛出了绿意。原本毫无生机的院落,现在变得生机勃勃。

小和尚高兴得直拍手,叫道:"师父说得真对啊,现在草全都长出来了。"师父点头道:"随喜!"

生活也如此,凡事要讲求缘分,而缘分是可遇不可求的,一切随缘才可享受生活的乐趣。

生活中总会有不如意的事情发生,感情方面更是如此,你爱的人他不一定会爱你,你喜欢的事物可能你永远也得不到。可能是缘分未到吧,因此不要去强求什么,看开一些,宽容一些,不去逼自己钻牛角尖,只有这样你才会真正地享受快乐和幸福。

有个书生,他和未婚妻预定好某年某月某天结婚。然而到了那一天,未婚妻却嫁给了别人,因此书生受到了很大的打击,从此一病不起。家人为了治好书生的病,用尽了各种方法却仍没有效果。

这时,一位云游四方的僧人路过书生的家门口,当他得知情况后，决定点化他。僧人来到了书生的床前，然后从怀中掏出了一面镜子让书生看，书生不知其意，于是就凑到镜子旁，这时书生看到了茫茫大海，有一个遇害的女子全身一丝不挂地躺在海滩上。许多的路人看到这个女子后，全都是摇摇头走了。这时候又过来了一个人，这个人看到了躺在海滩上的没穿衣服的女子，于是将衣服脱下盖在了女尸身上，然后就哀叹着走了。又过了一会，又有一个人路过这里，他看到了躺在海滩的女子，出于怜悯，他就挖了一个坑，然后小心翼翼地把尸体给掩埋了。

书生不解其意，正待要询问僧人，这时画面切换，书生看见了自己的未婚妻。镜子里，洞房花烛，气氛温馨，本应该是自己的未婚妻甜蜜地依偎在丈夫的怀里，脸上写满了幸福。

书生还是不明所以，不知道僧人为何给自己看这些。

见到书生的疑惑，僧人便不紧不慢地解释道："那海滩上的女尸，其实就是你未婚妻的前世，而你则是第一个路过的人，是你给过她一件衣服。她之所以今生和你相恋，只是为了还你这个人情。然而，她最终要报答一生一世的人，却是最后那个把她掩埋的人，那人就是她现在的丈夫。现在你明白了吗？"

书生恍然大悟，他立刻从床上猛地坐了起来，不久，书生的疾病也不药而愈了。

每个人都应该明白，缘分这东西是不可强求的，该你的，早晚是你的。不该是你的，怎么努力也得不到。是聚是散都要去随缘，千万不要去强求。

一切随缘吧，不要再为落花有意随流水，流水无心恋落花而烦恼了。缘分可遇不可求，如果刻意去寻找反而得不到，但如果顺其自然，反而可能会遇上。

第二章

人伦之道：知子莫若父，百善孝为先

——孝是人道第一步，敬人在心不在貌

家有一老，黄金活宝

俗话说："家有一老，黄金活宝。"随着现代社会的不断进步，人们生活节奏的加快，使得人们陪伴老人的时间越来越少。现代社会文化更新的速度越来越快，很多事物在不断地出现，这也使得人们学习的能力一定要跟得上更新的速度。很多青年人都认为老人的思想是落后于社会发展的。其实不然，老人经过了一生的风风雨雨，遇到了无数的事情，他们有着非常丰富的经验教训，或许他们的知识不能为儿女提供什么有价值的意见和建议，但是他们的经验教训是儿女们所没有的。这些宝贵的经验教训可以给我们非常大的帮助，甚至可以决定我们的一生。

家中有一老，犹如有一宝。如果说家庭是社会细胞的话，那么老人就是一个家庭的根，心理上的魂，是一个家庭诸多成员感情纽带的运转中心，是疏导家庭各种关系、使和谐产生的枢纽。老人的一生，阅历丰富，无论是处事原则还是做人方法，都可以让年轻人得到非常大的启发。

"老马识途"、"姜还是老的辣"，很多的成语俗语都在夸赞老人的巨大作用，家有一老，如有一宝，儿女们应该多向老人取取经，多向老人询问问题，会让你有很大的收获的。

老人经历了一辈子的事情，大风大浪有过，鸡毛蒜皮的小事也经历过，他们会对经历过的事有一个很好的分析和看法，这对儿女们来说是十分有益的。老人经历了那么多后，会心如止水，做事沉稳，看问题不偏激。而这些都是年轻人所欠缺的。

所以青年人一定要多听听老人的建议和意见，家里有老人的家庭，不妨让老人做主，或者在遇到问题时与老人商量一下，征求他们的意见。这样会使问题得到更好的解决的。俗话说：不听老人言，吃亏在眼前，多听听老人的话，会让你少走很多的弯路，会让你做事情更加顺利的。"家有一老，黄金活宝"，因此重视你的家里的老人吧，因为那是你的财富。

兄弟合力山成玉，父子同心土变金

俗话说："兄弟合力山成玉，父子同心土变金。"说的是团结的力量，只有团结才会拧成一股绳，才会有力朝一个地方使。打虎亲兄弟，上阵父子兵，只有一家人相互团结起来，才会是一个强大的家庭。

蚂蚁力量虽然小，但是它们齐心协力的为了生存而奋斗，集体齐心可以非常轻易地抬起一只大昆虫。狼无法与虎豹争抢食物，因为它们不是虎豹的对手，然而他们懂得团结的力量是强大的，于是它们集体行动，集体捕猎，使得虎豹也避而远之。大自然的动物尚且如此，何况人类呢？更别说一家人了。

爱护自己的父母吧，只有你的父母才会疼惜你、支持你。只有家庭成员之间和睦相处，这个家才是强大的。

吃尽味道盐好，走遍天下娘好

"吃尽味道盐好，走遍天下娘好"，这句话说得非常有道理，别人再怎么好也不会比自己的母亲好，别人对自己的恩德再大，也大不过母亲的恩德。

从十月怀胎到一朝分娩，母亲为了生下我们遭受了无数的折磨。当我们呱呱坠地后,母亲用甜美的乳汁哺育着我们成长,我们躺在妈妈的怀中,享受着温暖,是妈妈让我们远离了风霜雪雨,是妈妈让我们健康成长。妈妈在我们成长的道路上付出了她的青春,她的精力,付出了她的一切。

每个人都应该感谢自己的母亲,因为她从生我们到养我们付出了巨大的艰辛。每一次吃饭的时候,她总会把最好吃的菜留给我们。她总会对我们说鱼肚子间的肉比较好吃,而又会骗我们说她只爱吃鱼头和鱼尾。她的衣服总是那一件,而我们的衣服却越来越好。我们欠母亲的太多太多了,我们只有用自己的努力去换来她的不再操心,可是这似乎是不可能的,因为母亲无时无刻不在为自己的孩子祈祷、为自己的孩子操劳,因为她只想让自己的孩子好。

是母亲教育我们做人,让我们懂事,是她告诉我们跌倒了再爬起来,是她告诉我们困难不可怕,可怕的是一颗没有自信心的心。她教会了我们要勇往直前,她教会我们要勤劳善良。

一个好母亲能够让儿女们心生豪情壮志,会让误入迷途的儿女们悬崖勒马,会让儿女们懂得如何去做人、做事。

战国时期,燕国上将军乐毅曾带领着赵、楚、韩、燕、魏五诸侯国联合进攻齐国,使得齐王大败。

在战乱中,跟随齐王的大夫王孙贾,与齐王失去了联系。王孙贾的母亲就对他说:"你每天早出晚归,我总是靠在门口等候你回来;你晚出不归,我也总是靠在窗口等你回来。你现在侍奉君王,却不知君王的下落,你还怎么好意思回家来啊?"

王孙贾听了母亲的话羞愧难当,于是立即来到街市上号召人们保家卫国,他高声喊道:"愿意跟我干的人脱掉左边的衣袖!"一时有三百人响应,于是他就随同这群人一起作战。他们奋勇杀敌,最终杀死了楚国的战将淖齿,后来又找到齐王的儿子,尊奉他为王,最终恢复了齐国。

王孙贾的母亲教会了他要有担当,要尽职尽责,王孙贾在母亲的教化下十分自责,最终努力找回了齐王的儿子,恢复了齐国。

晋代大将军陶侃的母亲湛氏,是豫章新淦人。在她的谆谆教诲下,陶侃才最终成才,出人头地。

开始的时候,陶侃的父亲陶丹娶她为妾,生下了陶侃。陶家十分贫穷,湛氏总是用纺麻线换来的钱资助陶侃,并让他去和有声望的人交往。

陶侃年轻时当过浔阳县吏,他在当监管捕鱼的鱼梁吏时,他给了母亲一瓦罐腌鱼。湛氏见了,就把腌鱼退还给陶侃,并写信责备他说:"你身为官吏,竟然拿官家的东西送我,这不但没有好处,反而还会增加我的精神负担了。以后不要再送了。"

还有一次，范逵到陶侃家投宿。当时正是冰天雪地的冬日，天气非常严寒，然而陶侃家徒四壁，空空如也，而范逵的随从仆人和马匹却非常多。陶侃看到这种情况非常犹豫是否留范逵在家里过夜。

湛氏明白陶侃的心理，于是就对陶侃说："你只管到前面留客吧，我自有办法。"接着湛氏舍弃了自己的头发，剪下来做成假发，卖了钱后买了几斛米。然后她又把屋里的柱子劈下一半当柴烧，铡碎了睡觉用的草席给马匹当草料。

经过她的努力，终于备办出了稍微像样的酒饭待客，随从的仆人也都得到了热情的招待。后来范逵听说这件事后，感叹道："没有这样的母亲就不会有陶侃这样出色的儿子了！"范逵到了洛阳后，广泛传播了陶侃母子的声名，陶侃也因此名扬四海，最终做了大官，为后人所敬仰。

陶侃的母亲为了让自己的儿子有出息可谓是煞费苦心啊，正是因为有了这样的母亲，才使得陶侃如此宅心仁厚，可以说是湛氏造就了陶侃。

岳飞是我国历史上著名的英雄，他的一生所作所为都为后人所钦佩。他的母亲姚太夫人是一位良母，同样也被后人敬仰。

岳飞十五六岁时，北方的金人南侵，宋朝当权者腐败无能，节节败退，国家处在生死存亡的关头。为了国家岳飞毅然投军抗辽。不久，岳飞的父亲去世，于是他就退伍还乡守孝。

1126年，金兵大举入侵中原，岳飞再次投军。临行前，姚太夫人把岳飞叫到跟前，对他说："现在国难当头，你有什么打算？"

"到前线杀敌，精忠报国！"岳飞毫不犹豫地说。

姚太夫人听了儿子的回答，非常满意，而"精忠报国"正是母亲对儿子的希望。于是她决定把这四个字刺在儿子的背上，让他永远铭记在心。

岳飞解开上衣，露出瘦瘦的脊背，请母亲下针。

姚太夫人问："孩子，针刺是非常痛的，你害怕吗？"

岳飞说："母亲，小小钢针算不了什么，如果连针都怕，我又怎么去前线打仗呢！"

听了岳飞的话，姚太夫人就在岳飞背上写了字，然后用绣花针刺了起来。刺完之后，岳母又涂上醋墨。从此，"精忠报国"四个字就永不褪色地留在了岳飞的后背上。

母亲的鼓舞一直激励着岳飞，岳飞投军后，很快就因作战勇敢而被升为秉义郎。这时宋都开封被金军围困，岳飞便随副元帅宗泽前去救援，在岳飞的带领下，宋军多次打败金军，因此岳飞受到了宗泽的赏识，并称赞他"智勇才艺，古良将不能过"，后来成为著名的抗金英雄，为历代人民所敬仰。

岳飞的母亲姚太夫人，教子精忠报国。她作为母教典范和妇女楷模，在国家危亡之际，励子从戎，精忠报国，被传为佳话，世尊贤母。

可见母亲对于儿女的影响是多么的大啊，因此我们一定要对母亲心存感恩，用我们的努力换取她的笑颜。只有这样，我们才能够报答母亲的养育之恩。

儿不嫌母丑，犬不嫌主贫

俗话说："儿不嫌母丑，犬不嫌主贫。"做儿女的绝对不能嫌弃自己的父母，这是一个做人的最起码准则。父母为了儿女操尽了心，受尽了苦。为了儿女们，光滑的双手变得粗糙不堪，脸上没有了昔日的光泽，取而代之的是一道道的沧桑；为了让儿女们，父母殚精竭虑，给儿女们创造最好的环境；为了儿女们，父母舍不得吃，舍不得穿，却把最好的都留给了儿女，可以说父母为我们做了一切。

父母恩似海深，对于父母们所做的一切，我们应该去懂得感恩，我们应该去努力报答，而不应该因为相貌和地位的不好就嫌弃父母。狗从来都不嫌弃主人家贫穷，它只会忠诚地为主人看家护院。狗尚且能不嫌弃主人家的穷苦，我们人还有什么理由嫌弃我们的父母呢？

包拯是我国历史上非常有名的清官,他的一生清正廉洁,为世人所歌颂。然而,包拯不光是一个廉洁的父母官,他还是一个大孝子。

包拯,字希仁,是庐州合肥(今安徽合肥)人,包拯少年时便以孝而闻名,他性直敦厚。在宋仁宗天圣五年,包拯考中了进士,当时他28岁。他先被任命为大理寺评事,后来又出任建昌(今江西永修)知县,因为父母年老不愿随他到他乡去,包拯便马上辞去了官职,回家照顾父母。他的孝心受到了官吏们的交口称颂。

在封建社会,封建纲常非常的严格,如果父母只有一个儿子,那么这个儿子就不能扔下父母不管,这是违背封建法律规定的。一般情况下,父母为了儿子的前程,都会跟随去的。父母不愿意随儿子去做官的地方养老,这在封建时代是很少见的,因为这意味着儿子要遵守封建礼教的约束,因此包拯就毅然辞去了官职照料自己的父母。几年后,父母相继辞世,包拯这才重新踏入了仕途。

包拯为了孝敬自己的父母,不惜放弃了高官厚禄,而一心在父母身边照料着,直到父母离世,他才再一次地拾起了自己为国为民的理想,踏上了仕途。他的孝心是如此的令人称赞啊!我们应该像包拯一样,孝敬父母,对其不离不弃,只有这样我们才能够报答父母的养育之恩。

一个人降生在人间，在他的婴儿、童年、少年时代，是父母用辛勤的双手一直保护在他身边。当他进入青年、壮年时期，他开始学习、工作，仍然是父母在他的背后默默地支持着。父母付出了这么多，你怎么忍心不孝顺，怎么忍心去嫌弃呢？

建兴六年（228年）春，蜀国丞相诸葛亮第一次兵出祁山，正值天水太守马遵带领着姜维和功曹梁绪、主簿尹赏、主记梁虔等人随雍州刺史郭淮在各地视察。

马遵闻蜀军至祁山后，立刻做好了迎敌的准备，郭淮闻后，马上决定东行，回上邽进行守备。然而马遵怀疑姜维等人有异心，于是，也乘夜随郭淮至上邽。姜维发现马遵已走，但对其又无可奈何。于是姜维回到了冀县，冀县百姓见到姜维前来非常高兴，于是就推举姜维去见诸葛亮。当时马谡已经丧失了街亭，诸葛亮的整个作战计划都遭到了破坏。诸葛亮只好派兵攻克了西县，然后率领千余户和姜维等人班师。

不久，姜维接到母亲的书信，让他回家。姜维说："良田百顷，不在一亩；但有远志，不在当归。"于是就想回魏国，高官厚禄全不在乎。诸葛亮见姜维一心想要回家，但又十分不舍，于是就命令下属去把他的母亲接来了，姜维见到了自己的母亲非常的高兴，于是就一心归顺了诸葛亮。

诸葛亮非常赞赏姜维的胆智，于是命其为仓曹掾，奉义将军，封当阳亭侯。姜维当时年仅 27 岁。

姜维为了自己的老母亲，毅然要放弃自己的大好前程，回到家中与老母亲相聚，这份孝心是非常值得我们学习的。即使飞黄腾达了，仍要挂记着自己的父母，不忘父母的恩情，这才是一个有良知的人应该做的事情。

我们血管里流的是父母的血液，嘴里讲的是父母教会的话语，写的是父母教会的字，我们无论如何也找不到任何一个嫌弃父母的理由。所以请善待自己的父母，不要因为父母使你的面子挂不住就心生嫌弃，父母养育儿女长大是多么的不容易，一个有感恩心的人一定会在心里感激着自己的父母。我们的出生日，就是母亲的受难日，父母的受苦受难换来了我们的出生、成长，我们还怎么能去嫌弃父母呢？

儿孙自有儿孙福，莫为儿孙作牛马

父母从孩子一生下来就开始不停地为其操劳，从哺育孩子成长到教孩子说话，走路。孩子进步的每一个阶段都包含着父母辛勤的汗水。可以说父母为了孩子操劳了一生。

当孩子长大了，各种的问题也随之而来，当父母的却从没停止对孩子的操劳，上学、工作、恋爱、买房、买车、结婚……每件事都得过问，每件事都不放心。其实大可不必这样，生活在石块庇护下的小草是不会长成大树的，因为它已经习惯了石块的保护，养成了依赖。同样父母也大可不必为已经长大成人的孩子操心费力，他们有他们的思想，他们需要自己的努力去追求梦想，他们需要去磨炼，因为只有这样，他们才会更好地面对人生。

山崖边住着一只老鹰和它的刚出生没多久的两只小鹰，一只小黑鹰，一只小灰鹰，两只小鹰在鹰妈妈的精心照顾下一天天地长大了，身体也变得越来越强壮。

有一天，鹰妈妈对两只小鹰说："孩子们，现在你们已经长大了，以后妈妈也不可能会一直陪在你们身边，因此，作为我们老鹰家族的后代，你们一定要学会在高空飞翔，只有学会了飞翔，你们才能更好地独立生活。"说完，鹰妈妈带着两只小雄鹰飞到了的树枝上。

鹰妈妈一边向小鹰们讲解飞翔的要领，一边不停地比画着自己的翅膀，小鹰则在一旁看得非常仔细。"好了，现在你们看明白了吗？"鹰妈妈做完一套动作后向小鹰们问道。"嗯，看明白了。"小鹰兄弟异口同声回答道。"那好，现在我带你们去练习一下吧。"鹰妈妈带着两只小鹰来了一个的山崖边上。"你们两个谁想先来试飞一下呀？"鹰妈妈问到。两只小鹰往下望了望，看到下面如此深，心里顿时有些发慌，不自觉地就往后退了两步。"妈妈，这样子跳下去真的能飞起来吗？"这时小灰鹰似乎有点心虚了。"傻孩子，只要你们按照妈妈刚才说的去做，你们肯定可以飞起来的，记住你们是我们老鹰家族的后代，你们要相信自己一定可以飞起来的。"鹰妈妈耐心地说。这时小黑鹰勇敢地走到山崖边上，跟鹰妈妈说道："妈妈，那让我先来吧。""好啊！"鹰妈妈赞赏地说。

于是小黑鹰学着刚刚鹰妈妈所讲的方式，努力地拍打着翅膀，然后从山崖边跳了下去。小黑鹰越飞越低，眼看就要撞到地上，这时他想起了妈妈所讲的话，"孩子，你是老鹰家族的后代，你一定可以飞起来的"，想到这里，小黑鹰再次用力拍了拍翅膀，在离地不到一米的地方，飞了起来，并越飞越高，越飞越稳，站在山崖边上一直看着的鹰妈妈看到它学会了飞翔也很高兴。等小黑鹰飞回来后，鹰妈妈就对一旁的小灰鹰说："小灰，你看小黑按照妈妈说的去做，就慢慢飞起来了，现在该轮到你飞了。""好吧。"小灰鹰虽然口上答应了，可是心里还是有点怕，但看到鹰妈妈期待的眼神，还是走到山崖边上，学着妈妈的样子拍打着翅膀跳了下去。小灰鹰越飞越吃力，身体不由自主地往下掉，还好山崖并不高，摔在地上时只是擦破了一点皮。之后，鹰妈妈把两只小雄鹰带回家了,在回家的路上,小灰鹰偷偷地跟妈妈说:"妈妈,我们以后能不能不要飞得那么高了,刚刚摔得我好痛。"鹰妈妈听了它的话后语重心长地说:"孩子,有一天妈妈也要离开你们的,你们要学会独立生活,如果你不学会飞翔,以后就没有办法得到更多食物,那样你就不会生存下去。"小灰鹰听了妈妈的话后,低下了头。

小黑鹰学飞时因为比较用心,肯吃苦,学会了鹰妈妈所说的高空飞翔。后来,他每次出去捕猎总能获得很多食物。而小灰鹰在学飞时每次因为怕痛,没飞几下就不飞了,所以它很久都没能学会高空飞翔,它的信心也一点点的丧失掉了。

由于不会高空飞翔,小灰鹰很难找到食物,但是鹰妈妈每次和小黑鹰出去找食物都可以找到很多,可是它们偏偏不给小灰鹰吃,鹰妈妈严厉地对小灰鹰说:"如果你想要更多的食物,那么你就去自己捉,不要靠别人的施舍,那样会被瞧不起的。"

小灰鹰很难过,但是为了得到食物,它只得再一次来到了山崖边,因为它知道,只有学会了高空飞翔才会抓到更多的猎物。

它望着山崖,心里非常害怕,可一想到妈妈的样子就立时狠下心来飞身跳了下去,它使劲地扑打着翅膀,不停地扑打,渐渐的,它停止了坠落,开始慢慢飞起来,它非常兴奋,接着一用力,冲上了天空。

老人言

鹰妈妈非常懂得高空飞翔对于鹰来说意味着什么,因此,它不惜逼迫自己的孩子去拼死学习,因为它知道想要吃到可口的猎物,就要自己去捉,没有人会一直帮助你的,能够一直帮助你的只有你自己。因此,人间天堂,只在你的一念之间,在你自己的造化了。

虽说"可怜天下父母心",但是父母将子女们抚养成人以后,就应该把这份"可怜心"收起来了,大可不必再为他们的一切事情操心不已了,毕竟管得了一时管不了一世。

父母应清醒地认识这一点:小鸡躲在母鸡的翅膀底下,永远也不会长大;孩子在父母的怀里,永远也不会坚强。因此父母不要害怕孩子经受任何挫折,因为每一个挫折都是对孩子承受能力的绝好锻炼,父母如果疼爱自己的孩子,就应该要让儿女们养成自立、自强的精神,因为明天是他们自己的,他们应该有自己的生活,他们的幸福应该由他们自己来把握。

百善孝为先

中国自古以来都注重孝道,孝顺父母是一个人最起码的道德,如果一个人连孝道都不施行的话,那么这个人也就不会有道德可言,更别说他的为人了。

和谐家庭篇

俗话说："养儿防老，积谷防饥。"父母为了养育孩子，付出了他们的所有。而他们却从不求回报，只求自己老时可以儿孙满堂，热热闹闹的。岁月催人老，转眼间便是几十年的光阴匆匆而过，岁月在父母的身上留下不可磨灭的痕迹。满头斑白的头发，一脸深深的皱纹，还有那低沉的声音，老花的眼睛。岁月这把无情刀不光在割着父母的容颜，更是在割着儿女的心。辛苦一辈子的父母为我们默默付出，而我们只是不停地索取，很少回报。父母不在乎我们是否富贵，是否荣华，他们在乎的是全家的平平安安、团团圆圆，可以说，父母给子女的是他们全部的爱。

北宋末年，梁山好汉黑旋风李逵是一个非常孝顺的人，他上了梁山，过上了好日子，但是他一刻也没有忘记自己的老娘，于是他毅然千里迢迢回到老家沂水接老娘上梁山享福。

当他们路过东镇沂山时，老娘感觉又累又渴，李逵便将母亲安置在崖顶古松下休息，自己则下崖去取水。当他用石香炉端水回来，却不见了老母，顿时大吃一惊，四处呼叫寻找，但找来找去也不见踪影，他急得捶胸顿足，这时他低头看见地上有血迹，因此她怀疑老娘被虎狼伤害，于是连忙寻着血迹直追到崖下，深入虎洞，一看果然如此，自己的老娘被几只老虎给吃了。他顿时怒气填胸，火冒千丈，不顾个人生死，上前与虎搏斗，他手起刀落，立时把所有的老虎给杀死了。

母仇虽然报了，但老娘不在了，李逵心中悲伤万分，回到崖上，抱头痛哭一场，只得怅然返回梁山。

李逵虽然没有救回自己的老娘，但是他千里迢迢接老娘享受晚年的孝心确是让人赞叹不已。

满文军的《懂你》这首歌把母爱诠释得非常到位。MV里的那个母亲，独自养育着好几个孩子，每天起早贪黑的干活，白天去砍柴，她弱小的身体被木柴拖动的摇摇晃晃，但是她仍旧努力地将其拉回家。她晚上等孩子睡着后，还依然在做着针线活。她总是把最好的饭菜留给孩子，而自己在一旁偷偷地舔着未刷的碗。看到孩子离家求学，她送到火车站望着远去的火车，带走了自己的思念，捎去了自己的不舍……看到这里，相信每个人会流下眼泪，父母给予我们的我们几辈子都还不完。

有这样一个故事：

很久很久以前，在一个偏僻的村子里有一位壮族老妈妈，她的丈夫很早就去世了，她为了抚养三个儿子而没有再嫁人，于是她就和她的三个儿子住在一间破茅草屋里。

这位老妈妈每天都在忙着织壮锦，然后拿到街上去卖一点钱以贴补家用。因为她织的壮锦非常美丽，所以许多人都喜欢买她的壮锦，这样一来日子倒也过得去。

有一次，老妈妈很用心地织了一幅壮锦，上面的图案非常美丽，高大漂亮的房子坐落在小溪边，有一个美丽的花园，花园外是金色的麦田和一个大大的池塘，成群的鸭子在池塘里游泳，羊群在绿茵茵的草地上吃草。整个壮锦的画面非常传神，令人称奇，这幅画里的景象就是老妈妈所盼望的生活。

忽然天空刮来了一阵大风，把老妈妈刚刚织好的壮锦卷上了天，原来是住在天上的仙女们看到了这幅漂亮的壮锦并爱上了它，于是便拿去做样子。

失去了壮锦，老妈妈感到十分伤心，于是便叫老大去把它找回来。老大为了让妈妈高兴起来，立刻就动身去找寻。

在半路上，老大遇到了一个白胡子老头，老头给了他一袋金子。老大就把找壮锦的事儿抛到了一边，到城市里享乐去了。老妈妈见老大很久了都没回来，便又叫老二去找，老二也碰到了这位老头，老头也给了他一袋金子，老二从来没有见过这么多的金子，立刻心花怒放地跑到了城里去吃喝玩乐。

老妈妈见老大、老二都迟迟未归，顿时有些心灰意冷，就想放下找寻壮锦的事情。然而，孝顺的小儿子不愿看到自己的妈妈整日愁眉不展，于是便偷偷上路去找壮锦了。

半路上，他也遇到了这位白胡子老头，但他没有拿金子，而是继续向远方走去。

老人言

　　天渐渐黑下来了，老三便来到一座破庙前，他实在太累了，于是便靠在庙门前的石马上睡着了。

　　他做了一个梦，梦中有位穿红衣服的美丽姑娘对他说："你若想要回壮锦，必须用石头敲掉两颗门牙，然后把门牙安在石马嘴里。只有这样你才能够要回壮锦。"

　　后来老三醒来，当想到梦里发生的事情时，将信将疑的拾起了一块石头，敲掉了自己的两颗门牙，并安在了石马嘴里。令人惊奇的是，这只石马有了牙齿，竟然变成了真马，吃了几口草，就驮上老三向天空飞驰而去。

　　石马带着老三跨过了大海和高山，最后来到了仙境，他找到了仙女们。仙女们正照着老妈妈的壮锦飞针走线。当仙女们看见老三来要壮锦，便一起去给他准备饭菜。这时有个仙女走出来，悄悄对他说："她们不想让你拿走壮锦，因此她们在饭菜里放了一种能使人睡上十年的药。待会你一定不能吃下去，而是要假装吃，等我们都去睡觉时，你再带着壮锦骑上石马离开。"老三看到仙女诚心帮助自己，心里十分的感激。于是老三就按照那名仙女说的那样做了。

　　老三很快就回到了家，他开心地把这幅壮锦慢慢伸展开来，这时奇迹发生了，壮锦变成了一个真正的家园，并且帮助自己的仙女也从壮锦中款款地走了出来。

原来这名仙女喜欢老三的勇敢和孝顺，于是就偷偷地在上面织下了自己，因此她也被带回来了，而她则把壮锦上的画面变成了现实。

从此，老三和这位美丽的姑娘结为夫妻，同妈妈一起过着幸福美满的生活。

善待你的父母吧，只有做一个孝顺父母的人，才会是一个真正有良知的人，才会被别人欣赏，从而获得机遇。父母对儿女的要求不高，只是在他们感到孤独寂寞的时候多陪陪他们而已。乌鸦反哺，羊羔跪乳。动物尚且如此，何况我们有思想有良知的人呢？

在家敬父母，何用远烧香

孝敬父母是中华民族的传统美德，一个人是否孝顺决定了这个人的责任心的强弱，进而决定了这个人的好坏，试问一个连自己父母都不孝敬的人还会对别人尊敬吗？

有的人总是烧香拜佛以此来祈求神灵保佑自己的父母，但不去做孝敬父母的实事。父母操劳了一辈子，他们心里最大的愿望不是让儿女们照顾自己，而是希望儿女们能够活得好好地，看到儿女们过上好日子，当爹妈的心才会踏实下来。父母对儿女的要求并不高,反而非常的低,他们不求荣华富贵,他们不在乎高品质的生活,他们在乎的是儿女们抽出一点点时间来陪陪自己,哪怕是一点点时间,父母也会觉得很开心。所以既然想要孝敬自己的父母,就不必总是烧香拜佛的一味地祈求神灵的保佑,要知道父母心中儿子的挂念和孝敬是比神灵的保佑还重要的,因此,多在家陪陪自己的父母才是最正确的。

杨補是安徽省太和县人,他非常信佛,当他听说四川省高僧无际大师的道行非常高时,就辞别双亲,去四川向其求道。

他刚到四川省境内,就遇见了一位年逾古稀,面貌慈善的老和尚,老和尚见到他就问他:"施主你从哪里来?到哪里去?"他连忙施礼答道:"我从安徽省来,想到四川参访高僧无际大师,修学佛法的大道。"老和尚说:"你要见无际大师,那还不如去见佛。"杨補急忙问:"我更想见佛,但我却不知道佛在哪里?我请求老师傅指点。"老和尚说:"那好,你现在赶快回家去,看到肩上披着大被子,脚上倒穿鞋子的,那就是佛了。"

杨補听了老和尚的话,深信不疑,于是立刻返回了家中。在路上他又跋涉了将近一个多月的时间。当他回家的时候,已经是傍晚时分了,他敲着家中的大门,呼唤妈妈开门,他妈妈听到儿子回来了,欢喜得从床上跳了起来,来不及穿好身上的衣服,只是胡乱的把棉被披在了肩上,鞋子也顾不得穿好,倒拖着就蹬在了脚上,然后匆匆忙忙地出来开门,急地想要见到自己的儿子。

杨補看到披衾倒屐的妈妈,这才恍然大悟,原来老和尚说的父母才是佛。老和尚是让我孝敬我的父母啊。从此以后,杨補竭力孝顺双亲。

父母是自己心中的佛,我们一定要虔诚的孝敬父母,只有这样,我们才能够报答他们辛辛苦苦把我们拉扯大并抚养我们长大成人的所做的一切。

一个人必须要孝敬自己的父母。有句话说:"修身、齐家、治国、平天下。"一个人想要做大事,就应该先从严格要求自己做起,然后要顾好自己的家,孝敬自己的父母。俗话说:"百善孝为先",如果一个人不孝敬父母,那么无论他做出多大的成绩,获得多么美好的名声,都是只在远处烧香,其人格都是有缺陷的,这个人做人也是不合格的。因为孝敬是其他美德的根基,根基都打不好,建立在根基上的一切也就不会好。一个人是否有良知,就看其是否能够孝敬自己的父母。羊有跪乳之恩,鸦有反哺之情,更何况人呢!把自己的父母放置一边,不管不问,视同路一般人,这种人对他人的态度就可想而知了。因此,孝敬父母是做人的起码要求,而在家敬父母远比千里去烧香要真诚,一个连自己父母都不真正去孝敬的人,神灵会去保佑他吗?

老人言

舜，传说中的远古帝王，相传他的父亲瞽叟及继母、异母弟象，多次想要置他于死地，想尽办法去杀害他。有一次让舜修补谷仓的仓顶时，他们从谷仓下纵火，然而舜命不该绝，他手持两个斗笠跳下而得以逃脱。

又有一次，让舜掘井时，瞽叟与象却下土填井，谁知舜掘地道逃脱。然而事后舜竟然一点都不心生嫉恨，仍然对自己的父亲尊敬孝顺，对弟弟也疼爱有加。终于，他的孝行感动了天帝。舜在厉山耕种，天帝派大象替他耕地，鸟代他锄草。帝尧听说舜非常孝顺，并且有处理政事的才干，于是就把两个女儿娥皇和女英嫁给他，经过多年的观察和考验，最终选定舜做了他的继承人。

舜当上部落首领后，仍然恭敬地去看望父亲，对其孝顺有加，舜还封象为诸侯，从此象对舜更加尊敬。

父母对舜如此的残忍，可是他却毫不记恨，仍然恭恭敬敬地侍奉着，这份孝心真的是值得我们学习啊！

孝顺父母的人才是一个合格的人，无论你取得多大的成就，为别人做出了多少的贡献，如果对自己的父母不孝顺的话，都会被别人唾骂。相反地，一个人虽然没有成绩，然而他对自己的父母勤勤恳恳、毫无怨言地侍奉着，这个人也会被别人交口称赞的。

陈毅元帅是中华人民共和国的缔造者之一，为了新中国的胜利，他付出了自己的一生，因此受到了百姓们的爱戴。一个战功如此卓著的元帅，他却总是把父母放在自己的心头，他心里总是很愧疚没有时间陪陪自己的老母亲。

1962年，陈毅元帅出国访问回来，他正好路过家乡，于是便抽空去探望身患重病的老母亲。陈毅的母亲瘫痪在床，大小便不能自理。陈毅刚一进家门时，母亲非常高兴，她刚要向儿子打招呼，忽然想起了换下来的尿裤还在床边，于是就小声地就示意身边的人把它藏到床下。陈毅见到了许久不见的母亲，心里非常激动，立即上前握住母亲的手，关切地问这问那。过了一会儿，他对母亲说："娘，我进来的时候，你们把什么东西藏到床底下了？"母亲见他什么都看到了知道瞒不了自己的儿子，只好说出实情。

陈毅听了，伤心地说："娘，您久病卧床，我不能在您身边伺候，心里已经非常难过了，这裤子本就应当由我去洗，你又为何藏起来呢？"

母亲听了很为难，旁边的人见状连忙把尿裤拿出，争着抢着去洗。陈毅急忙挡住并动情地说："娘，我小时候，您不知为我洗过多少次尿裤，今天我就是洗上10条尿裤，也报答不了您的养育之恩！"说完，陈毅把尿裤和其他脏衣服全部都拿去洗得干干净净，母亲见儿子如此的孝顺，非常欣慰地笑了。陈毅元帅是军队的统帅，国家的重要领导人，公务繁忙，但他不忘自己家中的老母亲。在百忙中抽空回家探望瘫痪在床的母亲，为母亲洗尿裤，以关切的话语温暖抚慰病中的母亲。虽然陈毅元帅为母亲所做的只是一些平常得不能再平常的小事，但从这些平常的小事，我们可以看出他对母亲的一片孝心。他不忘母亲曾为自己付出的一切，他更是理解母亲的艰辛和不易，他知道自己为父母做多少事情都报答不了母亲的养育之恩。他的一片孝心，值得天下所有儿女学习效仿。孝敬父母是中华民族的传统美德，是先辈传承下来的宝贵精神财富，是每个儿女应尽的义务，也是义不容辞的责任。父母对我们恩重如山，我们又怎么能忘本呢？如果真的尽孝道，就不要总是祈求神灵的保佑，而要自己去主动为父母做一些小事。其实父母亲想要的真的不多，他们需要的只是我们的孝心和关爱，希望我们在需要时伸出关怀之手。为了报答父母的养育之恩，回家多陪陪他们吧。